—图说天下 · 少年博物—

地球的伟大表演

ENCYCLOPEDIA OF EARTH

JUVENILE VERSION

《图说天下》编委会◎编著

北方妇女儿童出版社
· 长春 ·

图书在版编目（CIP）数据

地球的伟大表演 /《图说天下》编委会编著 . —长春 : 北方妇女儿童出版社，2023.6
（图说天下少年博物）
ISBN 978-7-5585-7443-6

Ⅰ . ①地… Ⅱ . ①图… Ⅲ . ①地球科学－少年读物 Ⅳ . ① P-49

中国国家版本馆 CIP 数据核字 (2023) 第 062938 号

地球的伟大表演

DIQIU DE WEIDA BIAOYAN

出 版 人	师晓晖
策 划 人	师晓晖
责任编辑	邱　岚　魏士昌
整体制作	北京日知图书有限公司
开　　本	720mm × 787mm　1/12
印　　张	14
字　　数	280千字
版　　次	2023年6月第1版
印　　次	2023年6月第1次印刷
印　　刷	文畅阁印刷有限公司
出　　版	北方妇女儿童出版社
发　　行	北方妇女儿童出版社
地　　址	长春市福祉大路5788号
电　　话	总编办：0431-81629600
	发行科：0431-81629633
定　　价	100.00元

FOREWORD 前言

46亿年前，漂浮在太阳周围的气体和尘埃，聚集起来，慢慢形成了地球和太阳系的其他行星。从那时起，一场精妙绝伦的地球表演就开始了。

你见过怎样的地球图景？是曾立于“世界之巅”的珠穆朗玛峰上俯瞰众生，看雪山连绵，震撼人心，还是迎面感受过赶了几万里路吹来的太平洋季风；是看过炽热的火山岩浆喷涌而出，似火舌般肆意流淌，还是见过落差近千米的安赫尔瀑布在地球表面划出一道干净的白线。

你听过地球怎样的声音？塞伦盖蒂草原上，一场惊心动魄的大迁徙正在上演，一百多万只角马踏过草原、蹚过河流，呼啸而过；亚马孙热带丛林多彩的金刚鹦鹉欢快鸣叫，呼朋唤友；科隆群岛上飞翔的丽色军舰鸟正尖叫着在空中抢食。

你感受过地球怎样的美好？人类文明的发展不断优化，生命的韵律和文明的演变仍在地球的动脉中跳跃，人类建造城市，改善环境，在古老文明和现代文明的呼应中让地球更加美好……

这里奇观尽现，超乎想象；天地携带着远古的记忆，诉说着斑斓的地球图景。

这里万物竞发，生机勃勃；万物在四季中轮转，演奏着地球的美好乐章。

这里物产丰饶，人地和谐；人与自然在此交汇，谱写着人类文明的史诗。

“仰观宇宙之大，俯察品类之盛”，是每个少年穷尽一生该去追寻的理想。辽阔的胸襟和美好的修为，都与这个广博的宇宙、伟大的地球息息相关，与这个舞台上正在上演的奇观不可分割。我们是宇宙的一部分，我们身体中的氮、牙齿中的钙、血液中的铁等等，与星辰内部的构成非常相似，可以说，我们就是星辰，我们就是这伟大表演的一部分。

这场精妙绝伦的表演，仍在上演，去振臂高呼，去参与其中，感受这美好吧。

目录

CONTENTS

第一部分

奇幻大地

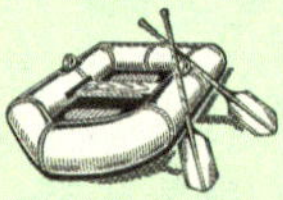

第二部分

了不起的地球公民

地球的伟大表演

第一部分

奇幻大地

ENCYCLOPEDIA OF EARTH

46 亿岁的地球

约 46 亿年前，刚形成的地球还只是一个巨大的炽热火球，很长时间后，才有了比较稳定的固体表面、空气和水。火山爆发喷出的岩浆在地表冷却，地壳的厚度不断增加，温度也逐渐降了下来，然后开始出现生命的痕迹。

寒武纪

从寒武纪的地质时代开始，地球在 2000 多万年时间内突然涌现出各种各样的动物，被称为“寒武纪生命大爆发”。

地球的演变

最初的几亿年间，原始地球的地壳还比较薄，又有小天体不断撞击，造成地球内部的熔岩不断上涌，地震与火山喷发随处可见。到了距今 25 亿—5.41 亿年的元古宙，地球上出现了大片相连的陆地，火山活动排放的气体形成了原始的大气圈。随后，地球温度逐渐降到 100℃以下，大气中的水蒸气陆续凝结，形成了海洋。地球上最初的大气和海水，都是缺氧并呈酸性的。后来随着生命的出现和演进，绿色植物的光合作用才逐渐改变了大气和海洋的组成。

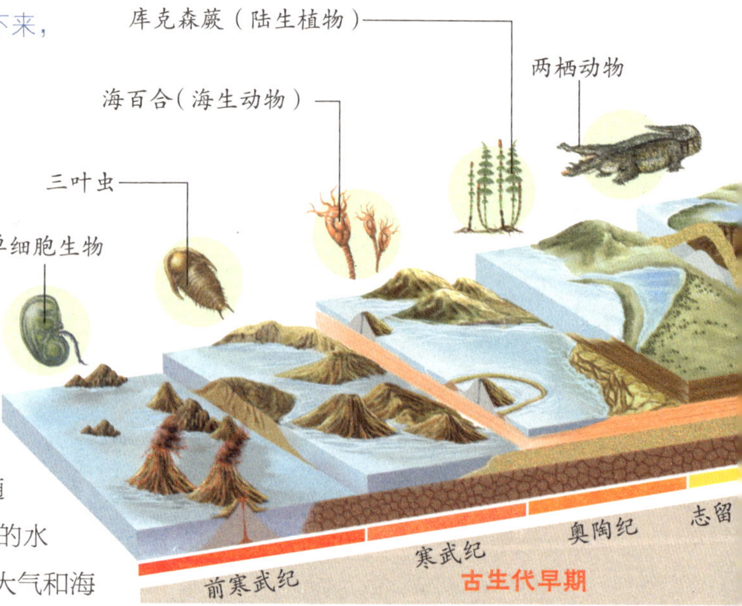

古生代早期

古生代早期是海洋生物占优势的时代，海洋里的藻类和无脊椎动物空前繁盛。

古生代中晚期

孢子植物繁盛，陆地上出现大片森林。

中生代

中生代是裸子植物繁盛的时代，并且以“恐龙时代”而闻名。

新生代

地球的海陆、气候面貌已经和现在相差无几。

蕨类植物

远古恐龙

化石树段

漫长的地质年代

利用现代技术测定出的地球年龄约为46亿岁。科学家们通过对各个地层中化石的研究，将地球的演化历史分为若干年代，称为地质年代。最高的一级称为“宙”，向下依次是“代”“纪”“世”和“期”，我们常听到的诸如古生代、侏罗纪等，都是地质年代名称。

地球往事见证者

约46亿年的时间里，地球不断发生着变化，地壳移动、山脉隆起、海洋变迁、生命诞生等等。约46亿年的记忆都存在于一层包着一层的岩层中，它们像一本无言的大书，记录着地球遥远时代的往事，像化石林、三叶虫化石、鱼类化石的存在都见证了地球的生命力。

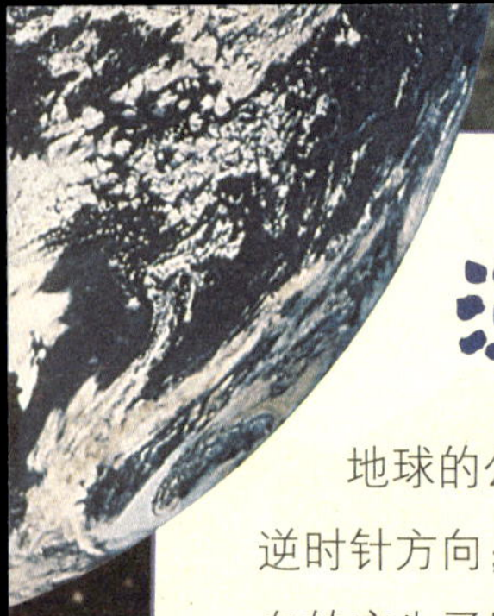

深入地球内部

地球的公转是地球围绕太阳在一个椭圆轨道上的转动，从北半球看是逆时针方向；地球的自转是地球围绕地轴的转动，方向是自西向东。地球自转产生了黑夜与白昼的交替，公转以及地球本身倾斜的地轴作用则产生了一年四季的变化。

地球的自转

地球始终绕着自己的地轴不停地自转。地球自转一周需要大约24小时(精确时间应为23小时56分4秒)，称为一个“地球日”，也就是我们通常所说的“一天”。由于地球是自西向东自转的，因此我们看到太阳是从东边升起，从西边落下。

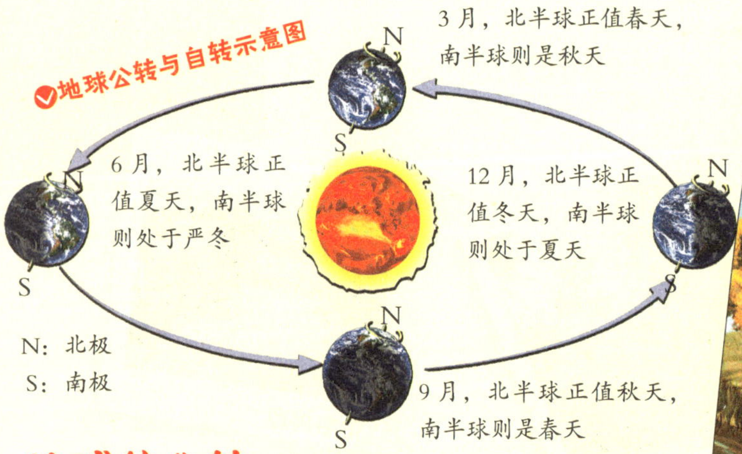

地球的公转

地球一边自转，一边还在绕着太阳公转。地球公转与地球自身的倾斜，形成了四季变化。地球绕太阳公转的过程中，南北半球接受太阳的辐射及热量在不断发生变化，于是产生了冷暖交替的循环。世界各地四季的早晚和长短有较大差异，只有在温带地区，四季界限才表现得比较明显。

一年四季

地球的公转，以及黄赤交角的存在使地球的同一地点在不同时候昼夜长短、获得的太阳热量不同，形成了四季更替。夏季是白昼最长、太阳最高的季节，冬季则相反，春、秋季属于过渡季节。

经纬度

经度和纬度是地球上表示方位的标准，分别由经线和纬线来标记。经线是通过南、北极纵向环绕地球的假想环，纬线是与经线垂直、横向环绕地球的假想环。地球上任何一点的位置，都可以用这一点上经线和纬线交点的坐标来表示。

地球的构造元素

地球的构造元素种类繁多。其中地壳分上、下层结构，上层主要由花岗岩组成，主要成分是硅、铝元素；下层主要由玄武岩组成，主要成分是镁、硅元素。地核中则多是铁、镍等较重的金属。

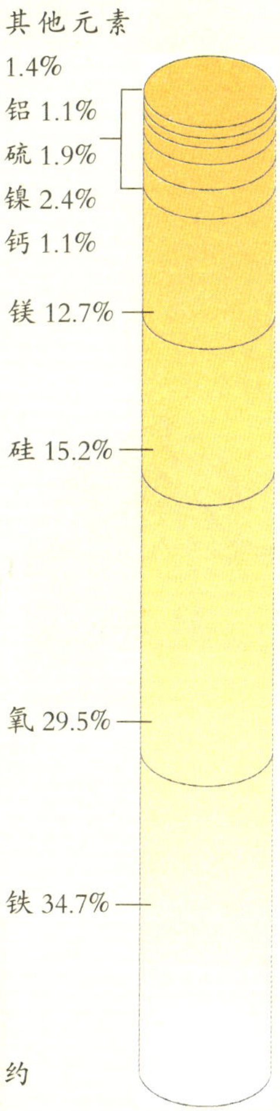

地球构造的元素丰度

地幔

地幔是地壳与地核之间的中间层，分为上地幔和下地幔。地球内部的热量使上地幔部分岩石熔化，而下地幔由于承受更大的压力，熔缩成固体状态。地幔厚度约为 2900 千米，约占地球总体积的 80%。

地核

地核分为外核和内核。外核厚度约为 2200 千米，由铁和镍组成，也可能还含有其他物质。外核温度非常高，以至于处于其间的金属总是熔融状态的，因此它也是地球唯一的一个液态圈层；内核则是固态的，它的压力非常大，虽然温度达到了约 3700℃，但仍然不会熔化。

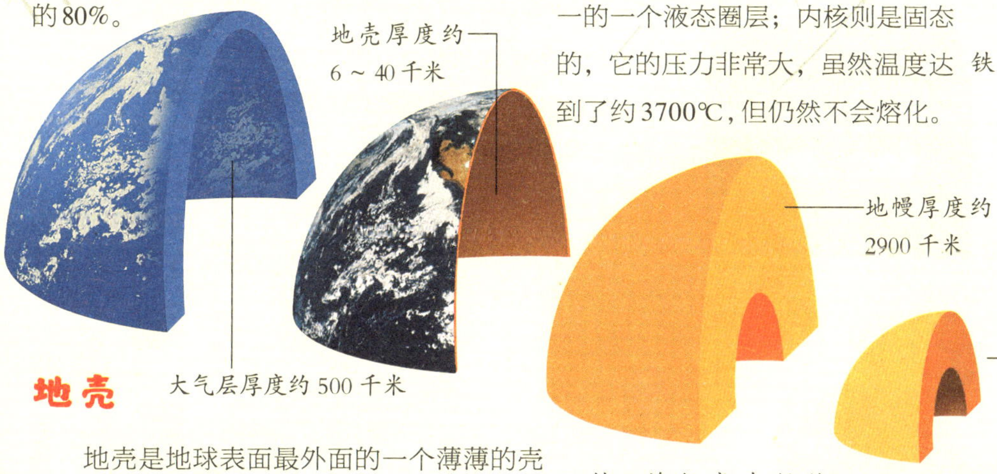

地球的构造

地壳

地壳是地球表面最外面的一个薄薄的壳层，漂浮在地幔上。大陆下面的地壳最厚，平均约为 37 ~ 40 千米，一些高大的山脉如喜马拉雅造山带地壳厚度可达 70 千米；而海底的地壳最薄，平均厚度为 7 千米。

熔岩

地球内部的温度非常高，足以使岩石熔化，形成岩浆。这些岩浆的温度非常高，它们在岩层内部像水一样或快或慢地流动着。当岩浆聚集在离地表较近的地方，气体压力足够时，气体会推动岩浆喷出。

“运动员”上场了

大约 2 亿年前，地球上只有一块超级陆地，后来这个陆地不停地运动，漂移、分裂，形成现在我们熟知的六大板块。直到现在，这些大陆板块每年还在不停地运动着。它们在运动中形成了山脉、海洋、海沟等，山脉是板块运动的典型代表。

板块碰撞

- 当两个大陆板块相互碰撞时形成褶皱山脉。
- 代表运动员：喜马拉雅山和阿尔卑斯山

板块张裂

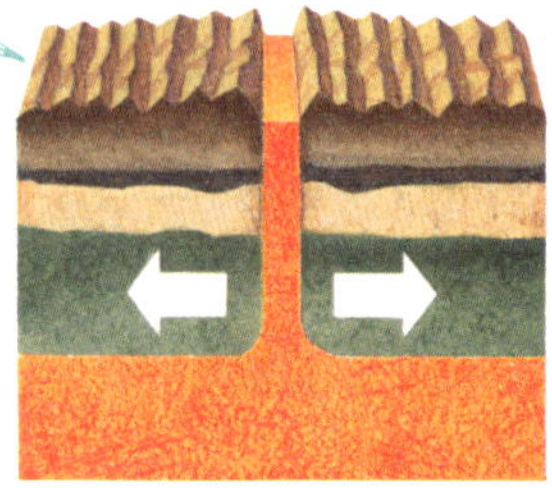

- 板块张裂形成裂谷或海洋。
- 代表运动员：东非大裂谷和大西洋

- 板块之间摩擦侧向滑动，会发生偶发性地震。

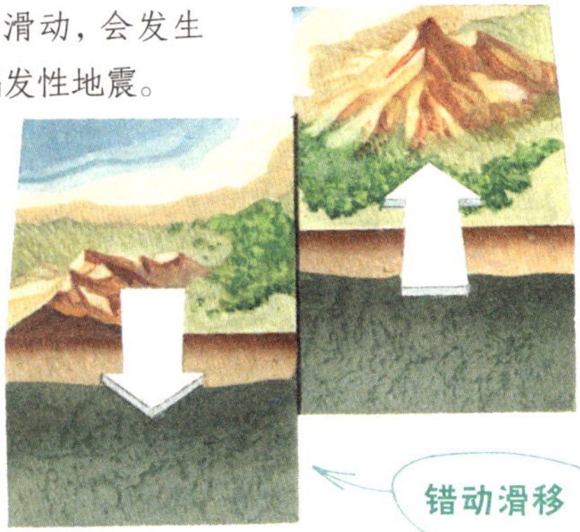

错动滑移

地堑

- 岩块下降为地堑。
- 代表运动员：汾河谷地

地垒

- 岩层断裂变形后形成断层，岩块上升为地垒，多形成断块山。
- 代表运动员：庐山、泰山、华山

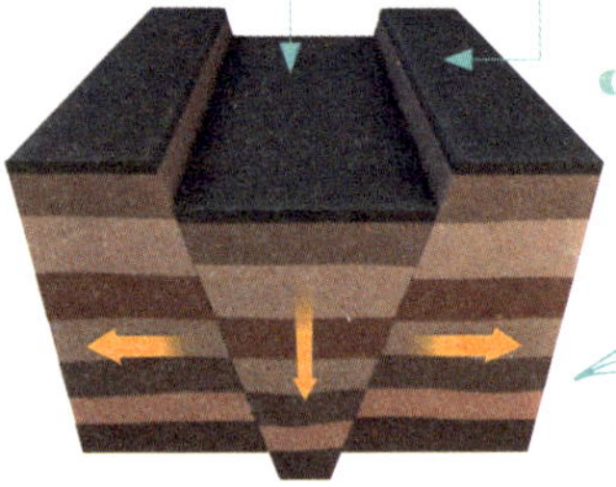

断层构造

板块运动

太平洋板块、亚欧板块、非洲板块、印度洋板块、美洲板块、南极洲板块这六大板块之间有时候会互相“打闹”，有时又彼此分离，就形成了板块碰撞、板块张裂运动。这些运动就像魔法，有时会瞬间让我们熟悉的世界大变样，比如地震、海啸、火山等；有时却发生得非常缓慢，要很多年甚至上千万年后才会发现。你能想象千万年之前，现在地球的最高山喜马拉雅山所在处还是一片汪洋吗？

在地壳运动的内外力作用下，形成了褶皱、断层及裂谷、海沟、山脉等不同的地质构造和地貌。在这些板块运动过程中，也诞生了许多有名的“运动员”。

山脉的年龄

山脉大体分为老年山脉和幼年山脉。形成于 3 亿多年前的山脉称为老年山脉，这些山脉山体呈圆滑的曲线；幼年山脉一般形成不到 6500 万年，山体棱角分明，喜马拉雅山脉就是著名的幼年山脉。

上升的岩浆使上部岩石向上凸起，形成冠状山。

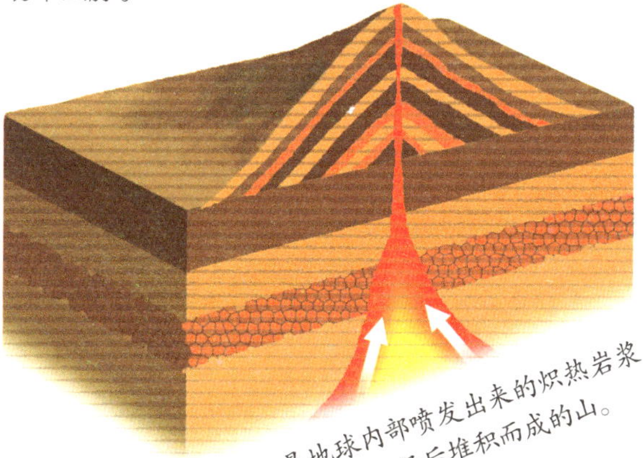

火山是地球内部喷发出来的炽热岩浆和碎屑物质冷凝后堆积而成的山。

山脉的类型

山脉主要有两种类型：一类是俯冲山脉。陆地岩石板块和海洋岩石板块在碰撞中，海洋岩石板块冲到了下面，地热使其熔化，形成岩浆喷出地表，形成火山，随后岩浆喷出，形成的空隙造成了岩石圈的褶皱，使整个地势升高，形成冠状山脉。另一种是碰撞山脉。当两个陆地板块发生碰撞时，由于岩石的褶皱、断层使一块叠压在另一块之上，形成褶皱山或断层山。

- 大洋板块与大陆板块碰撞后，大洋板块边缘形成海沟。
- 代表运动员：马里亚纳海沟

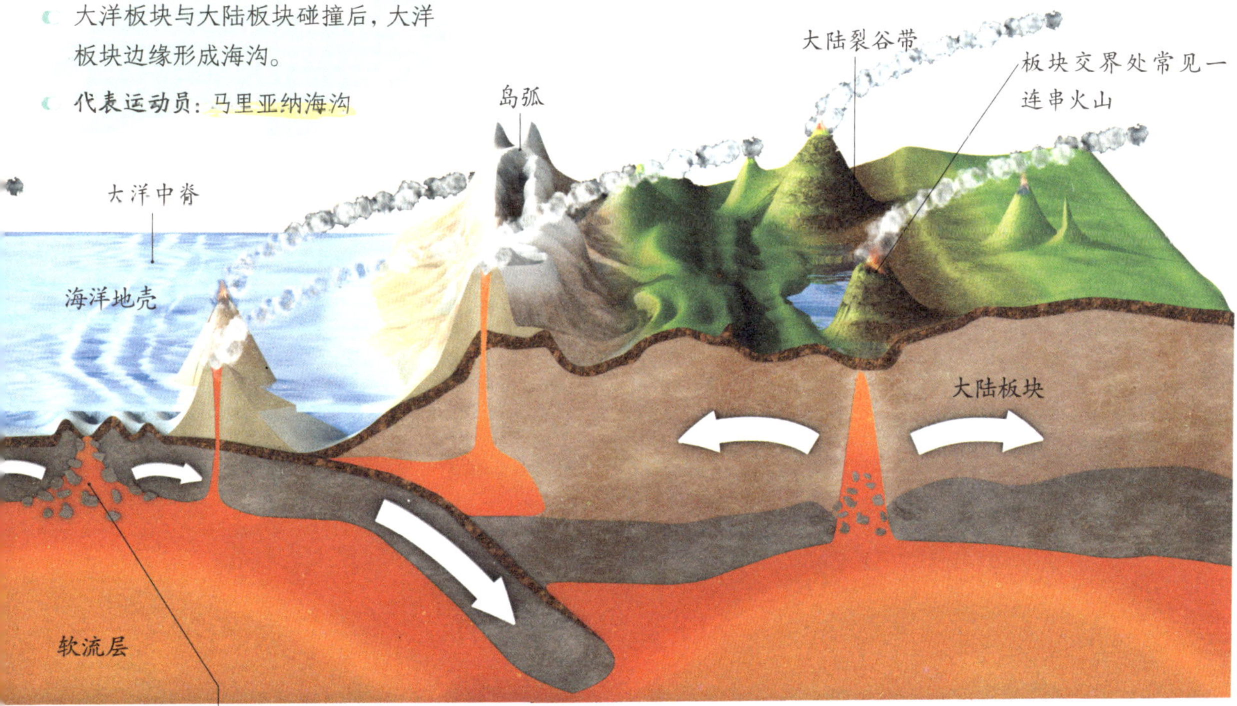

板块运动示意图

了不起的高山

几千万年前的板块碰撞、挤压引发地表隆起，形成了高山。一条条超级山脉宛若游龙，构成了地球上最雄伟壮丽的风景，它们便成了地球最有力的注脚。

全球陆地平均海拔不到 1000 米，青藏高原却超过 4500 米，是当之无愧的“世界屋脊”，珠穆朗玛峰更是世界之巅。

神圣的乞力马扎罗山

超级山脉喜马拉雅山

几千万年前，印度洋板块与亚欧板块的强烈撞击引发地表隆起，产生了地球上最高、最厚、最年轻的高原——青藏高原，也形成了一条条超级山脉，如长约 2450 千米，相当于从北京直达海南岛的喜马拉雅山脉，其主峰为海拔 8848.86 米的地球最高峰珠穆朗玛峰，且每年都在长高；还有蜿蜒 1400 千米的念青唐古拉山脉及约 2500 千米长的昆仑山脉等。

珠穆朗玛峰地处中尼边界的东段，它是世界第一高峰。在珠峰的山脊与峭壁间，随处可见大小冰川，美丽的冰塔林也不时显现，为它的俊美平添一抹亮色。

“非洲之王”乞力马扎罗山

乞力马扎罗山，意思是“闪闪发光的山”，位于坦桑尼亚东北部，是非洲最高的山，被称为“非洲之王”。乞力马扎罗山为休眠火山群，有七座主要山峰，其中基博峰海拔 5895 米，是非洲第一高峰。虽然位于烈日炎炎的赤道地区，但乞力马扎罗山的山顶白雪皑皑，形成了闻名世界的“赤道雪山”奇观。从山脚到山顶，可以体验从热带雨林到冰河世纪的跨越。

斯堪的纳维亚山脉

纵贯挪威全境的斯堪的纳维亚山脉非常古老，它早在三叠纪时期，即2亿多年前就形成了。山脉长约1700千米，海拔约1000米，在长期的冰川侵蚀下，形成了大量的冰川湖泊和陡峭的山峰。在挪威境内，高原、山地和冰川占国土面积的2/3以上。百万年前的冰河时代，融化的冰川在向海洋移动的过程中，将很多山谷切成了U形，海水倒灌后便形成了壮美的峡湾。

白雪覆盖下的斯堪的纳维亚山脉

大高加索山脉的草地和雪山

终年积雪的大高加索山脉

大高加索山脉，又叫高加索山脉，东临里海，西濒黑海，横亘在里海与黑海之间，全长1100千米，最宽处约180千米，是欧洲与亚洲的天然分界线，也是俄罗斯的西南部边界。山脉北侧称北高加索或前高加索，为温带大陆性气候区，属俄罗斯；南侧称南高加索或外高加索，为亚热带气候区，分属格鲁吉亚、亚美尼亚和阿塞拜疆。最高峰厄尔布鲁士峰，海拔5642米，是欧洲第一高峰。高加索山区有森林、雪山、湖泊、矿泉，自然风光优美迷人，是世界著名的旅游和疗养胜地。

“欧洲脊梁”阿尔卑斯山脉

阿尔卑斯山脉不仅是意大利与法国、瑞士、奥地利和斯洛文尼亚的天然分界线，还像一道弧形的屏障，阻挡着来自西欧的寒流。阿尔卑斯山脉约占瑞士国土面积的60%，很多知名山峰及典型风景都在瑞士，如被许多品牌作为标志的马特洪峰，被列入《世界遗产名录》的少女峰，可同时眺望6个国家的森蒂斯峰，壮观的阿莱奇冰川等。

阿尔卑斯山上白雪皑皑，冰峰陡峭。

超酷的地貌造型

你觉得什么样的景观才称得上神奇呢？是多彩的岩壁，还是广袤的沙漠？要知道，地球的面貌实在是太多彩变幻了，而这些神奇的地貌都是地球魔法般的内外力共同作用的结果。

地球通过漫长的地壳运动、岩浆活动等内部魔法形成了高山大海、峡谷盆地等，而地球的外部魔法同样令人惊奇。地表的一阵风、一滴雨、一粒沙看似力量薄弱，但长年累月的风化、侵蚀、搬运的力量，也足以改变大地的模样，形成沙漠、溶洞、三角洲等地貌。岩石的冲撞、水流的切割、浪花的拍打，都会让坚硬的岩石被破坏、被溶解，形成各种奇特的造型。

海上喀斯特地貌

说起海上喀斯特地貌，很多人一定会想起越南下龙湾。下龙湾是越南北部的一个海湾，这里约有3000个石灰岩岛屿和土岛，山海秀丽，景色酷似桂林山水。大自然的鬼斧神工将山石、小岛雕刻成各种形状，有的小岛状如老鹰；有的小岛如粗大的筷子般直插海中；最为形象的是斗鸡山，两块酷似雄鸡的溶岩在海面上两相对峙，十分生动；还有著名的蛤蟆岛，像一只蛤蟆端坐在海面上，嘴里还衔着青草，很是逼真。石灰岩岛上还有许多岩洞，洞壁的钟乳石形状各异，令人惊奇。这里已成为越南乃至东南亚著名的旅游胜地。

下龙湾一景——斗鸡山

斗鸡山已成为下龙湾海上喀斯特地貌的代表景观，状似两只雄鸡在互相对视，十分形象。

- 代表景观：越南下龙湾
- 成因：海水侵蚀冲刷而形成的溶蚀地貌。

下龙湾石灰岛群

下龙湾也被称为“海上桂林”。海上耸立的群山形状各异，乘坐小艇游览，山环水绕，犹入画中。

地下喀斯特地貌

- **代表景观**：中国贵州织金洞、斯洛文尼亚波斯托伊纳溶洞
- **成因**：溶洞也是喀斯特地貌的一种，是水对可溶性岩石进行溶蚀而形成的。

织金洞是世界上最美、最奇的溶洞之一，是中国大型溶洞之一，也是中国国家级风景名胜区。

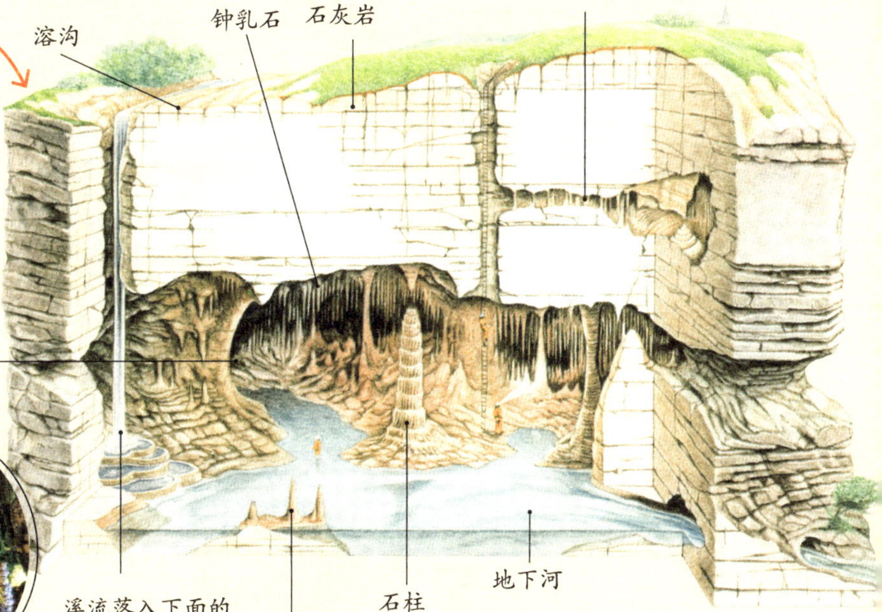

溶洞景观示意图

地上喀斯特地貌

- **代表景观**：中国云南石林
- **成因**：2亿多年前的海底石灰岩层，经地壳运动露出地面后，受到水的溶蚀、冲刷、切割而形成的自然奇观。

在风雨侵蚀下形成了无数石峰、石柱、石笋等，变成了今天千姿百态的石林。这些石柱群高达20～40米，巍然耸立，酷似苍莽的黑森林，故得名“石林”。

丹霞地貌

- **代表景观**：中国甘肃张掖五彩丹霞
- **成因**：红色砂砾岩经长期风化剥离和流水侵蚀，形成交错层理的山峰和陡峭的奇岩怪石。

张掖丹霞地貌色彩斑斓，岩壁陡峭，分布广阔，是中国丹霞地貌发育最大、最好、造型最丰富的地区之一。

你知道丹霞地貌和雅丹地貌的区别吗？

红色砂砾岩经过长时间的风化和流水侵蚀、重力崩塌等多重外力作用而形成了独特的丹霞地貌；而雅丹地貌是典型的风蚀地貌的代表，多形成于干燥地区。在强风吹蚀和磨蚀作用下，岩层松散的地方，遭受风力剥蚀明显，会逐渐形成向里凹的形态，在重力作用下容易垮塌或形成陡壁，外形如同古堡，所以也被称为“魔鬼城”。著名的新疆乌尔禾魔鬼城就是典型的雅丹地貌。

海浪侵蚀

- 代表景观：法国诺曼底埃特塔尔海拱石、苏格兰北部奥克尼群岛的霍伊老人岩石
- 成因：因波浪的撞击和冲刷等海水运动不断对沿岸陆地进行侵蚀破坏而形成的独特地貌，包括海水对海岸岩石的溶蚀、磨蚀和冲蚀作用，形成海蚀洞、海蚀柱等景观。

海蚀地貌示意图

法国诺曼底埃特塔尔海滩的海拱石。拱石旁边还有一个海蚀柱，十分独特。

霍伊老人岩石是由坚硬的红色砂岩组成的，因海水侵蚀、岩石崩塌而成，它高约137米，像一支笔直的铅笔孤零零地矗立在海岸边，是海蚀柱景观的典型代表。

流水侵蚀地貌

流水侵蚀地貌示意图

- 代表景观：科罗拉多大峡谷
- 成因：由于河流猛烈的下切侵蚀作用，逐渐形成陡峭的深谷。

科罗拉多大峡谷位于美国亚利桑那州西北，全长446千米，是世界上最大的峡谷之一，是全长2333千米的科罗拉多河强烈的侵蚀切割而形成的19个主要峡谷中最长、最宽、最深，也最著名的一个。

风蚀地貌

- **代表景观：**中国台湾野柳地质公园“女王头”
- **成因：**经海水数十万年的侵蚀，表层较软的砂岩慢慢消失，坚硬的岩石随地壳运动露出地面，再经风化、侵蚀等作用，慢慢变成状如蘑菇的蕈（xùn）状石。

这块经历侵蚀、风化作用而成的蕈状石看上去像脖子修长、脸部线条优美、发髻高高盘起、神态优雅的女王，所以有了“女王头”的称号，是野柳地质公园的一道标志性景观。

在意大利萨丁岛北部，有一块巨大的形似大熊的石头，它的身上有很多经过风蚀作用而形成的大小不一的窟窿。

- **代表景观：**意大利萨丁岛北部的“熊石”
- **成因：**受风蚀作用影响，露水风化侵袭岩石，又经蒸发，岩石表面开始松弛并逐渐剥离，形成碗状的圆形或不规则凹坑。

冰蚀地貌

- **代表景观：**阿拉斯加蒙戴尔冰隙
- **成因：**冰流运动过程中，遭遇山脊时会破裂，形成许多深而长的裂缝，称为“冰隙”。

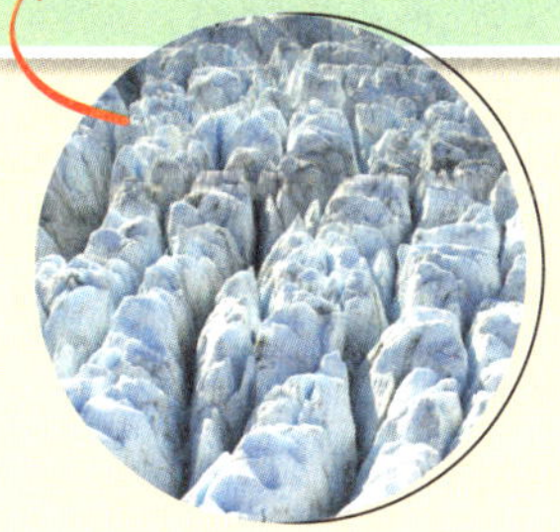

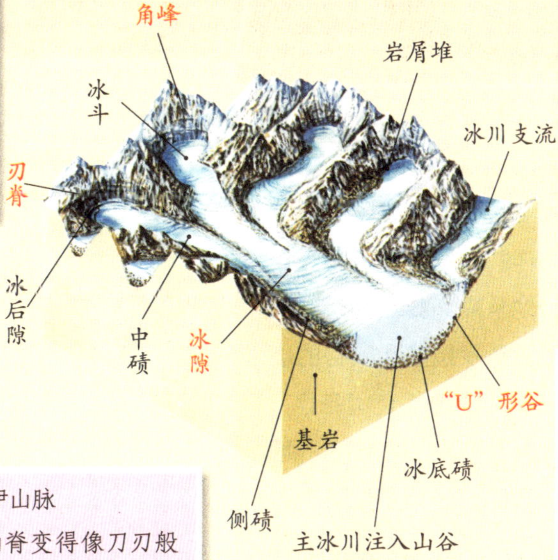

- **代表景观：**美国约塞米蒂山谷
- **成因：**数百万年冰川刻蚀出的巨大槽沟，使河谷加深、加宽，形成宽阔的“U”形谷。

- **代表景观：**阿根廷费兹洛伊山脉
- **成因：**受冰川侵蚀影响，山脊变得像刀刃般越来越窄，称为刃脊；山顶最后被削成一个尖峰，称为角峰。费兹洛伊山崎岖陡峭，外表似动物牙齿般尖锐，是世界上最难攀登的山峰之一。

神秘的峡谷世界

科罗拉多大峡谷

科罗拉多大峡谷是世界上最长的河流峡谷，就像大自然创作的一幅立体画作。科罗拉多河是大自然的画笔，随着它迂回曲折地从高原穿流而过，大峡谷的悬崖峭壁便应运而生。科罗拉多大峡谷的山石多为红色，丰富多彩的岩石层次清晰，色调各异。对科学家来说，科罗拉多大峡谷就像一本“活的地质史教科书”，它记录着从寒武纪到新生代各个时期的岩层和生物化石，从中可以了解北美大陆的沧桑巨变和生物的演化进程。1919 年，美国将大峡谷地区开辟为“大峡谷国家公园”，现在公园内生活着多种哺乳动物和鸟类，还有包括当地特有的大峡谷粉红响尾蛇在内的 50 种两栖和爬行动物，是不折不扣的动物乐园。

雅鲁藏布大峡谷

雅鲁藏布大峡谷是世界最大的峡谷。高峰与深谷交错缠绵，在强烈的反差中，波澜壮阔的景观就这样浮出峡谷。

雅鲁藏布大峡谷全长达 504.6 千米，最深处为 6009 米。这片神秘的领地因地形复杂、植物繁茂、资源丰富而举世闻名。整个峡谷由上而下分布着从高山冰雪带到热带季雨林等 9 大垂直自然带，许多地区至今无人涉足，又被称为“地球最后的秘境”。它的王者之风让科罗拉多与科尔卡望尘莫及，其世界之最的地位不可动摇。

“地球伤痕”东非大裂谷

如果从太空俯瞰地球，会发现在非洲大陆的东部有一条巨大的裂痕，像一道“刀痕”一样呈现在人们的眼前，这就是著名的“东非大裂谷”。东非大裂谷的形状像一个不规则的三角形，南起赞比西河河口，北至马拉维湖北端，分为东、西两支：东支为主裂谷，穿越东非高原、埃塞俄比亚高原抵红海沿岸，而后又向北延伸，经红海、亚喀巴湾，直至死海和约旦河谷；西支经坦噶尼喀湖、基伍湖、爱德华湖、艾伯特湖，抵尼罗河上游河谷。东非大裂谷全长约 6500 千米（经非洲大陆的裂谷带长约 4000 千米），是世界陆地上最长的裂谷带。裂谷两侧有广袤的高原、巍峨的高山，谷中则不乏平坦的谷地、宁静的湖泊、奔腾的河流，气势壮观，景色迷人，被称为“地球最美丽的伤痕”。

“恶名”远扬的死亡谷

“死亡谷”这个名字听起来真是恐怖，它为什么会有这样一个名字？死亡谷是北美洲地势最低、最干旱的地方，是一条长 225 千米、宽 6～26 千米的沙漠峡谷，历史上曾让不少以此作为穿越沙漠捷径的人不幸葬身，因此得名“死亡谷”。

最像火星的南极洲干谷

在东南极一望无际的雪原中，有一处神奇的无冰雪地带——干谷。它位于麦克默多湾西部的维多利亚地，由 3 个巨大的盆地组成，分别为泰勒、赖特和维多利亚干谷，是被现在已经消失的冰川切割所形成的。

这些干谷地面散布着砾石，四壁陡峭，没有植被覆盖，看起来十分荒凉，完全不像地球上的景观，倒像是在火星上。科学家认为这里的土壤是在非常类似火星的环境下形成的，很多人也认为这里是地球上最像火星的区域。

疯狂的石头

一座座奇幻的石头山，一块块人力无法打造的石头，都是地球留给人类的奇观。这些“疯狂的石头”像一个个特立独行的勇士，像一个个跳脱的音符，彰显着地球无与伦比的神力。在这些奇迹面前，人类的渺小更显真切。

“神圣之石”魔鬼塔

魔鬼塔可不是魔鬼造的塔，而是一处位于美国西部怀俄明州克鲁克县神奇的自然景观，是一块拔地而起的圆柱状巨石，底部直径有300多米，高达265米，气势惊人。历史上魔鬼塔是印第安人的圣地，在印第安传说中是“熊的居所”，上面的道道深痕便是熊的巨爪留下的。现在魔鬼塔是很多攀岩爱好者的挑战目标。

诡异的尖峰石阵

在澳大利亚有一处地质奇观，仿佛在向人们诉说着沧海桑田的变迁。沉入海底的森林在海水退去后只剩下一根根尖塔样的石笋，最高的可达5米，最小的只有手指那么大，形状各异，有的像房屋，有的像铅笔，还有的像袋鼠、骆驼等，宛如沙漠中的神秘“石阵”。

神秘巨石阵

在英国伦敦西南部的索尔兹伯里平原上，几十块巍峨的巨石呈环形列阵而立，没人知道它们来自哪里，为什么要在这里停驻。远观巨石阵，如从天上伸入地面，更增添了神秘气息。高耸的石柱重达十几吨，最高的约6米，石柱之间用厚重的石楣相连，彼此相依，形成了一个长廊。巨石阵中间有5座门状石塔，呈向心圆状排列，影影绰绰，让人心生畏惧。有人推测巨石阵是外星来客的指示物，有人认为它是古老家族的王室墓地，还有人认为它是英伦文明的发源地。

“魔石”艾尔斯岩

艾尔斯岩是地球上最大的独体岩石，位于澳大利亚中部，从平地上陡然而起，高约 335 米，长约 3600 米，宽约 2000 米。整块巨岩气势雄峻，傲然矗立于茫茫荒原，堪称“魔石”。更为神奇的是，它会随光线的变化而变色，时而浅红，时而橙黄，时而深红，变幻莫测，魔性十足。

巨人之舌

巨人之舌坐落于挪威霍达兰郡的哈当厄尔峡湾分支处，是一块神奇的卧式岩石，伸出山崖很远，形状独特，像是恶魔伸出的突兀的魔舌，因此也被称作“恶魔之舌”。巨人之舌高于海平面 1100 米，它奇特的造型，让人深感大自然的鬼斧神工，更吸引了大量的户外运动爱好者在此留影。

巨人之路

在北爱尔兰贝尔法斯特西北的大西洋沿岸，由数万根大小不一的石柱组成了一条绵延数千米的堤道，景象令人惊叹。老人们都说这是一条“巨人之路”，说它是很久以前爱尔兰巨人芬·麦库尔建造的。这当然是神话传说，实际上，“巨人之路”是由 5000 多万年前火山喷发出的玄武岩熔岩遇到海水后迅速冷却而形成的。

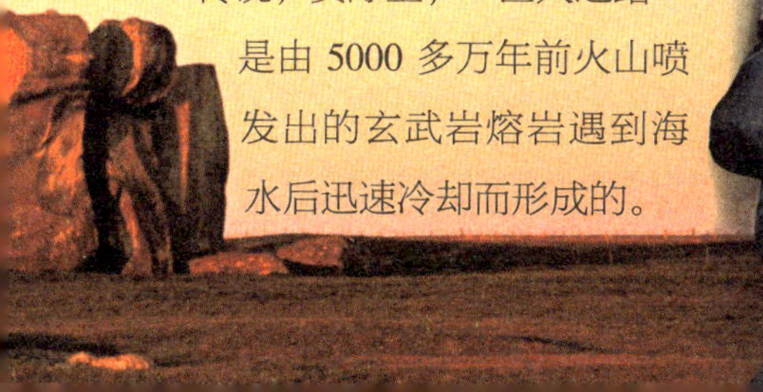

一路奔腾的大江大河

江河奔流，在地球上画出悠长的画卷。它们源于高山，纵贯山间平原，冲刷着大地，浪花起舞，暗涌弹奏，轰鸣着从历史深处涌来，同时也带来了灿烂的人类文明。不同地域的江河，有不同地域的风采，让我们一睹为快吧。

长江第一湾

奔腾不息的黄河、长江

黄河发源于青藏高原上的巴颜喀拉山北麓，它像一个巨大的“几”字，又像中华民族的龙图腾，流经中国9省（区）后注入渤海，全长5464千米，是我国第二长河。黄河是当之无愧的“母亲河”，其流域气候湿润，土地肥沃，华夏先民在这里繁衍生息，创造了华夏文明。

黄河因河水黄浊而得名，壶口瀑布是一道黄河奇观，“水里冒烟”是著名奇景。

长江发源于青藏高原的唐古拉山脉，横贯中国11个省（市、区），在上海崇明岛注入东海，全长约6300千米，是中国，也是亚洲第一长河，世界第三长河。长江干流横贯东西，支流众多，水量丰沛，中下游江阔水深，常年无冰冻，通航里程占全国内河航道总里程的2/3，是名副其实的“黄金水道”。

多瑙河蓝色的水面与两岸秋日的胜景融为一体，好像一幅五彩斑斓的画卷。

流经国家最多的河流——多瑙河

多瑙河是世界上流经国家最多的河流，自古就是欧洲征战、通商与探险的要道，欧洲运输的大动脉。多瑙河发源于德国西南部，自西向东流经德国、奥地利、斯洛伐克等9个国家，最终从罗马尼亚流入黑海，全长2850千米。提到多瑙河，人们总会想到奥地利这个多瑙河畔极具艺术气息的国家，由奥地利音乐家小约翰·施特劳斯创作的圆舞曲《蓝色多瑙河》更是举世闻名，多瑙河也成了奥地利的标签。

蜿蜒流淌的伏尔加河

俄罗斯“母亲河”伏尔加河

伏尔加河是俄罗斯的母亲河，发源于莫斯科西北部的丘陵地区，向东南蜿蜒 3692 千米，最后注入里海，是欧洲最长的河流，也是世界最长的内流河。伏尔加河连通波罗的海、白海、亚速海、黑海和里海，有“五海通航”的美称。伏尔加河滋润着沿岸数百万公顷的土地，养育了无数俄罗斯儿女，列宁和高尔基都出生在伏尔加河畔。伏尔加河流速缓慢，因而多沙洲和浅滩。以前的货船常常搁浅，于是催生了一个特殊的职业——纤夫。列宾的名画《伏尔加河上的纤夫》描绘的就是纤夫艰难拉船的情景。

恒河上渡船的老人

“河流之父”密西西比河

我们都知道，长江是世界上第三长的河流，仅次于非洲的尼罗河和南美洲的亚马孙河，而下面我们要介绍的密西西比河则是世界第四长的河流，它位于美国中部的大平原上，流域面积 322 万平方千米，跨越 31 个州，占美国本土面积的 2/5 以上。密西西比河支流众多，有 250 多支，以发源于落基山脉东部的密苏里河为源头起算，全长 6262 千米。密西西比河的名字起源于美国北部威斯康星州的阿尔公金人，他们把这条河流的上部分叫“密西西比”，“密西”是“大”之意，“西比”意为“河”，“密西西比”就是“大河”或者“河流之父”的意思。

印度“圣河”恒河

很多国家都有“母亲河”，比如中国的黄河、越南的湄公河。印度也有“母亲河”——恒河。恒河发源于喜马拉雅山，流经印度北部，注入孟加拉湾，造就了富饶肥沃的恒河平原和恒河三角洲，不仅孕育了古印度文明，也奠定了印度农业大国的地位。

恒河三角洲是世界上最大的三角洲，由迷宫般的河流、沼泽、湖泊组成，土地肥沃，农业发达，物产丰饶，是孟加拉国、印度重要的农业区，也是世界最大的黄麻产区。

美国河湖众多，全国年平均地表径流量 29705 亿立方米，约占全球年地表径流总量的 6.3%，居世界第四位。

冰世界

南北两极都是冰雪覆盖的银色世界，放眼望去，满目的晶莹剔透和纯洁无瑕，透露出一股清凉的美。虽然都是冰雪，但冰川、冰盖、冰架、冰山却各具特色，它们共同构成了一道亮丽的风景线。

莲叶冰因彼此间的互相碰撞而具有隆起的边缘。

海冰

海冰是海洋中一切冰的统称。由海水直接冻结成冰，是一个缓慢的过程。当表面海水温度下降到－1.8℃（海水的冰点）以下时，就会出现针状或薄片状的细小冰晶，冰晶浮上海面后形成油脂状冰。随着大量冰晶在海面上下继续冻结，冰层厚度不断加大，逐渐增长为直径几十厘米到几米的冰盘，仿佛海面上漂浮着一片片莲叶，因此也被称为“莲叶冰”。随着持续的寒冷，海冰厚度继续增加，最终形成覆盖在海面上的灰冰和白冰。

冰川

冰川是极地或高山地区多年存在并具有流动性的天然冰体，由多年积雪结晶聚积而成。南极地区的冰川几乎覆盖了整个南极大陆，被称为大陆冰川，如南乔治亚岛的彼得斯冰川，它的存在让南乔治亚岛一半是冰雪世界，另一半则长有冻土植物。高山上的冰川被称为高山冰川，也称山岳冰川，中国的冰川大都属于高山冰川。

目前，世界冰川覆盖面积占陆地总面积的11%，冰川不仅是地球上最大的淡水资源，也是除海洋之外最大的天然水库。随着全球气候变暖，世界各地的冰川面积和体积都在逐渐变小，有些甚至已经消失了。冰川融化将导致海平面上升、海水淡化，并威胁到海洋生物的生存环境，此外还会使全球气候发生改变，造成生态环境破坏等一系列严重后果。

彼得斯冰川

高山冰川

高山和峡谷中的冰川形态

大陆冰川

大陆冰川是一片广阔的冰层，完全覆盖着其下的所有地形地貌。

冰盖

冰盖是指冰川连续不断地覆盖了超过 5 万平方千米的陆地，也称为冰川大陆。目前，世界仅有南极和格陵兰两大冰盖。南极冰盖平均厚度达 2450 米，总体积约 2867 万立方千米，占世界总冰量的 90%，如果南极冰盖全部融化，海平面将上升 60 米左右。

罗斯冰架冰壁陡峭，异常险峻，填满了南极的一个巨大海湾。

冰架

冰架是陆地冰延伸到海洋的部分，多分布在南北两极，有大有小，大的可达数十万平方千米，如罗斯冰架。如果冰架前缘崩解并脱落，就会形成冰山。

冰山示意图

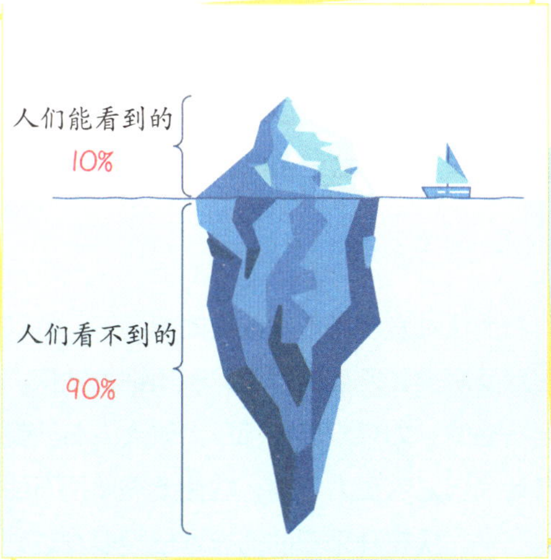

冰山

冰山是脱离了冰川或冰架的如高山一般大小的冰体，可以随着洋流漂到更温暖的地方，然后彻底融化。虽然冰山密度比海水低，但体积、质量往往很大，海水的浮力不足以完全托起它，因此 90% 的冰山“沉”在水下，海面上能看到的只是冰山一角。也正因为如此，冰山一向是海上航行的轮船的克星，历史上曾发生过很多轮船撞上冰山而沉没的悲剧，比如著名的泰坦尼克号。

地球趣闻

死亡冰柱

在南北两极海域，当温度降到一定程度（一般为零下几十摄氏度）时，海水里的盐分会被析出，海水结冰并呈柱状向海底延伸，冰柱所到之处的海洋生物都会被冻死，因此这一自然现象也被称为“死亡冰柱”。

蓝色冰山

蓝色冰山是冰山呈现出的一个独特现象。由于冰川内部的压力把空气逐渐挤出，冰山慢慢变得晶莹剔透，阳光照射冰山时，光谱中的红、橙光被吸收，蓝光被散射，因而形成了美丽的蓝色冰川。这与天空因大气层对光的散射、海水因光的散射而呈现出蓝色的原理是相同的。

石油有话说

中东石油储量十分丰富，堪称“世界石油宝库”。在众多的自然资源中，石油的用途可以说是最广了，日常生活中的很多东西都离不开石油。你知道石油是怎样来到我们身边的吗？

沉积在水底的生物遗骸与空气隔绝，处于缺氧环境。

微生物分解形成有机质，新的沉积物不断积压，埋藏成岩。

地壳活动、高温高压等作用破坏有机物，形成碳氢化合物。

碳氢化合物越积越多，在封闭的地层中储藏，形成石油。

海上钻井平台示意图

漫长的沉积等待

大约在几亿年以前，海洋和湖泊中生活着大量的微小水生物，它们不断繁殖，死亡后沉积在水底，形成一层富含有机物质的沉积层。经过漫长的演变，沉积层变为沉积岩，压力和热量使有机质逐渐变成无数细小的油珠，慢慢迁移到具有封闭构造的岩层中储藏起来，最终形成石油。全球石油主要出自两个地质时期的岩层，即奥陶－泥盆纪和侏罗－白垩纪。

发现石油

石油常被发现于地底或大陆架底下，找到油田后要研究其所处的岩层，利用钻机钻探。钻到石油时，如果岩层内部压力较大，石油就能自动涌出。若压力不够，往往就需要把石油抽取上来。现在开采石油的技术已经很发达，

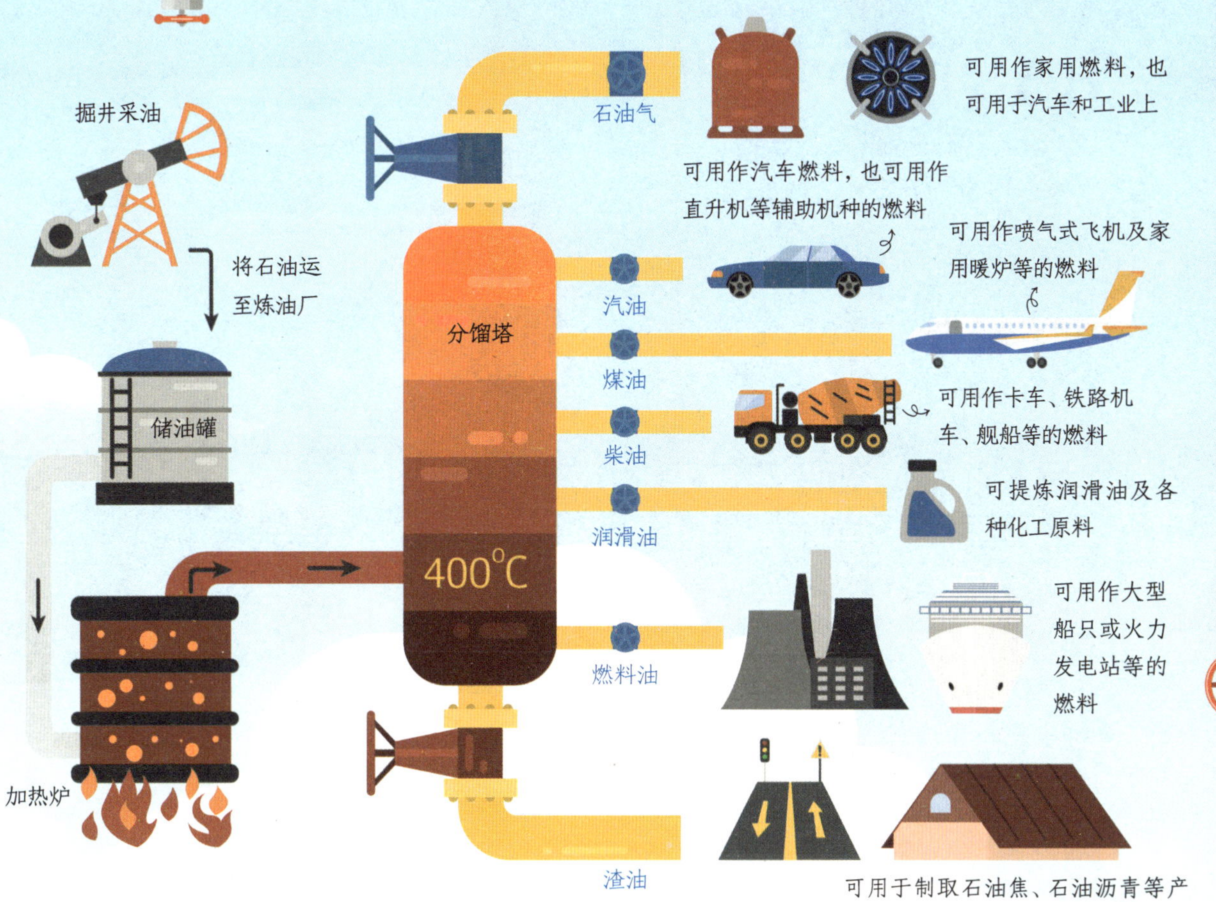

有陆地石油开采和海底石油开采。海上钻井抽取的石油会通过输油管或油轮运往岸边。

石油大变身

石油开采出来后，用输油管道或车辆等运到炼油厂，经过脱盐、脱水、脱酸，进行初次加工。石油经加热炉进入分馏塔，加热后较轻的石油成分“气化”，在分馏塔内上升，在不同温度下冷凝形成汽油、煤油、柴油等，较重的石油成分则从塔底流出，可进行进一步加工。

石油产品是一个成员众多的大家庭，其中石油燃料是人类迄今为止最重要的动力燃料，具有燃烧完全、发热量高、运输方便等特点。石油一经变身，在工业、农业、交通运输和日常生活等各个方面都被广泛应用。除了用来铺路的沥青，农业用的化肥也以石油为主要原料。另外，洗衣粉、肥皂、牙刷、雨衣等日用品，也都含有一定的石油成分，连印刷用的油墨也和石油有关系呢。

OPEC 是什么？

OPEC 是石油输出国组织的英文简称，该组织于 1960 年 9 月 14 日成立，是一些石油生产国为协调石油政策，反对国际石油垄断资本的控制而建立的国际组织。目前的正式成员国有 13 个，包括伊拉克、伊朗、科威特、沙特阿拉伯、阿联酋等。

海洋的形成

地球形成后，大气温度慢慢降低，水汽变成水滴。雨水积聚起来成为原始海洋。陆地和海底岩石中的盐分被溶解，汇集于海水中。经过亿万年水量和盐分的积累融合，慢慢演变成今天的海洋。海洋是“海”与“洋”的总称，海洋的中心部分叫作“洋”，边缘部分叫作“海”，海与洋互相连通，总面积约 3.6 亿平方千米。

海洋形成过程

火山喷发出的灼热气体和水蒸气构成了地球早期的大气。

早期大气中的水蒸气凝成雨水，雨水灌满地球上广阔的凹地。

这些巨大的凹地被水淹没，形成了今天的海洋。

大陆坡
由大陆架向内伸展，海底突然下落，形成一个陡峭的斜坡，叫大陆坡，约占海洋总面积的 12%。

大陆架
大陆架是沿岸陆地从海岸向内延伸的区域，它的坡度一般较小，起伏也不大，约占海洋总面积的 8%。大陆架浅海靠近人类的住地，与人类关系最为密切，大约 90% 的渔业资源来自大陆架浅海。

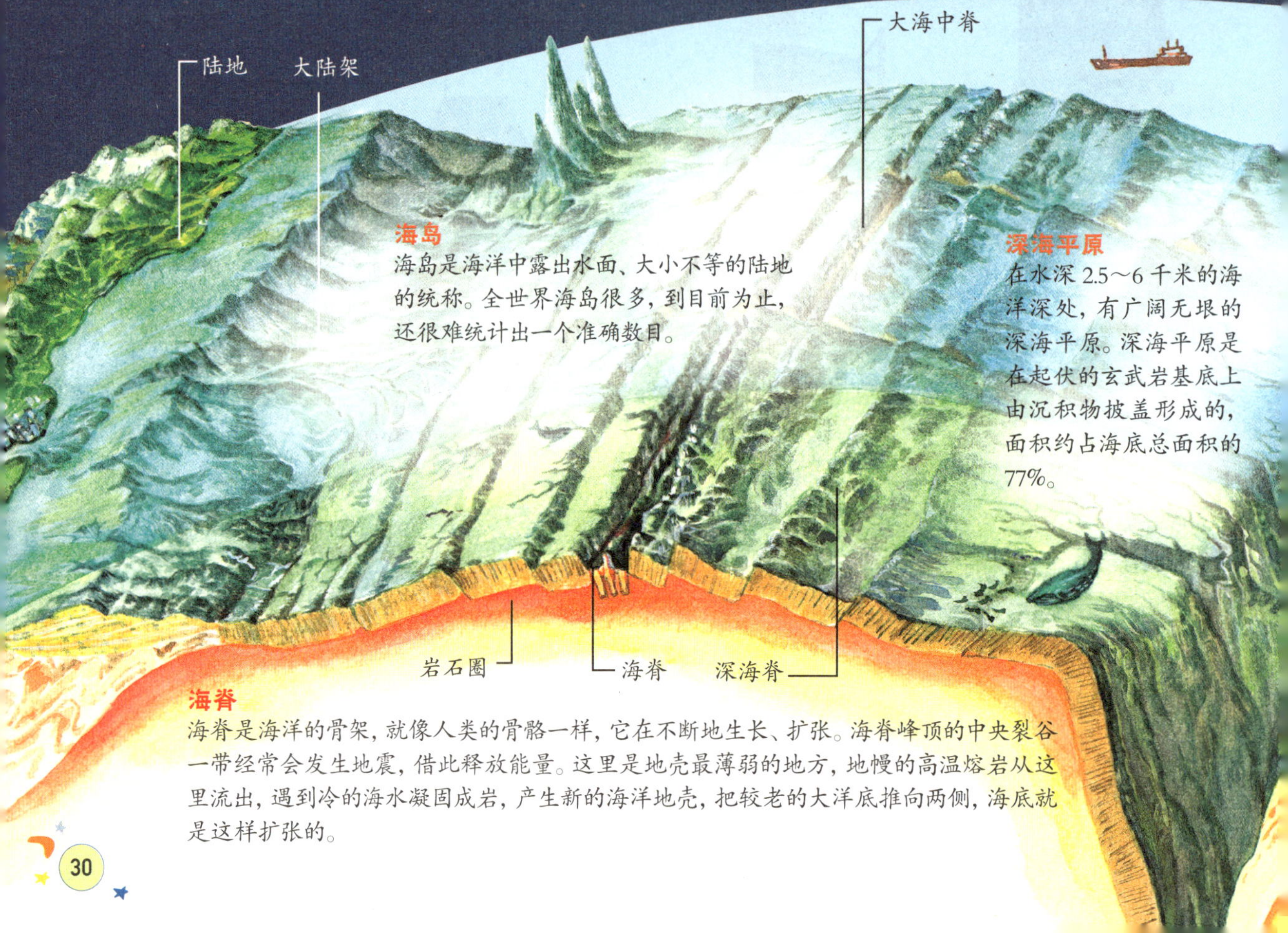

海岛
海岛是海洋中露出水面、大小不等的陆地的统称。全世界海岛很多，到目前为止，还很难统计出一个准确数目。

深海平原
在水深 2.5～6 千米的海洋深处，有广阔无垠的深海平原。深海平原是在起伏的玄武岩基底上由沉积物披盖形成的，面积约占海底总面积的 77%。

海脊
海脊是海洋的骨架，就像人类的骨骼一样，它在不断地生长、扩张。海脊峰顶的中央裂谷一带经常会发生地震，借此释放能量。这里是地壳最薄弱的地方，地幔的高温熔岩从这里流出，遇到冷的海水凝固成岩，产生新的海洋地壳，把较老的大洋底推向两侧，海底就是这样扩张的。

四大洋

太平洋、大西洋、印度洋和北冰洋是地球上的四大洋。太平洋是世界上最深的大洋，拥有世界上最深的海沟——马里亚纳海沟；轮廓近似“S”形的大西洋，其深度居世界第二位；印度洋是地球上最年轻的大洋；北冰洋则是世界上最小的洋。

海沟

海沟是海洋中最深的地方。它们不在海洋的中心，而处于海洋的边缘。世界上最深的海沟是太平洋西侧的马里亚纳海沟，它的最大深度为11034米，如果把珠穆朗玛峰移到这里，它将被淹没在2000多米深的水下。

世界主要海洋

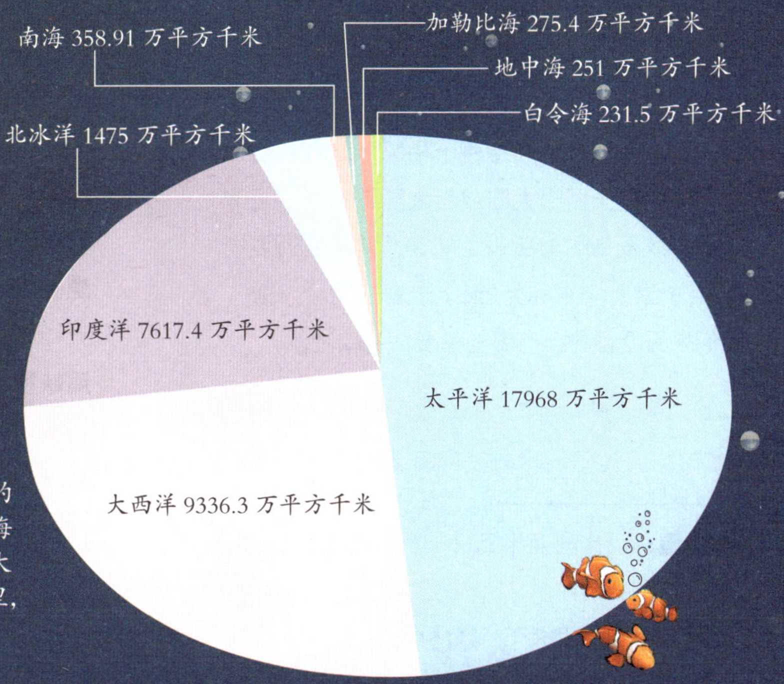

海底世界

海底并不是像平原一样平坦，而是和我们居住的陆地十分相似，那里同样有高大的山脉、深邃的海沟和峡谷以及辽阔的海底平原。大洋的海底就像个大水盆，边缘是水比较浅的大陆架，中间是深海盆地。

海底的精灵

在变幻莫测的海底世界，生活着约18万种海底动物。在表层的海水里，有食肉的蓝色甲壳纲动物、软体动物。往下是弱光层，颜色发红和发黑的动物取代了透明的无脊椎动物。再往下，是漆黑的深海区，这里有会发光的底栖鱼类。

穿越海峡看世界

海峡是海洋中连接两个相邻水域的狭窄水道，一般位于两个大陆或者大陆与邻近的沿岸岛屿，以及岛屿与岛屿之间。通常是交通要道和航海枢纽，又被称为“海上走廊”“黄金水道”。我们来看看世界上有哪些重要的海峡吧。

土耳其海峡

- **位置**：黑海—爱琴海、地中海之间。
- **附近国家**：土耳其。
- **重要性**：黑海出地中海的门户，亚洲和欧洲的分界线之一。
- **海峡特色**：土耳其海峡是地中海通往黑海的唯一海峡，因此也称黑海海峡。其地理位置独特，是兵家必争之地。

直布罗陀海峡

- **位置**：伊比利亚半岛—非洲大陆之间，连通地中海和大西洋。
- **附近国家**：西班牙、摩洛哥。
- **重要性**：是欧洲和非洲的分界线之一，亚欧航线的必经要道。
- **海峡特色**：直布罗陀海峡的表层海水从西向东流，也就是从大西洋流向地中海，但是海峡底部的海水却是从东向西流，也就是从地中海流向大西洋。

德雷克海峡

- **位置**：南美洲南端火地岛—南极洲南设得兰群岛之间，连通南大西洋和南太平洋。
- **附近国家**：智利。
- **重要性**：南美洲和南极洲的分界线，各国科考队赴南极考察的必经之道。
- **海峡特色**：是世界上最宽和最深的海峡，宽度达 900～950 千米，平均水深 3400 米，最大深度达 5840 米。

霍尔木兹海峡俯瞰图

霍尔木兹海峡

- **位置**：伊朗—阿拉伯半岛之间，连通波斯湾和阿曼湾。
- **附近国家**：伊朗、阿曼。
- **重要性**：波斯湾通往印度洋的咽喉要道，是唯一一个进入波斯湾的水道。它是中东海湾地区石油输往世界各地的唯一海上通道，因此被誉为西方国家的“海上生命线”。
- **海峡特色**：世界著名的“石油海峡”。

白令海峡

- **位置**：楚科奇半岛—阿拉斯加半岛之间，连通北冰洋和太平洋。
- **附近国家**：俄罗斯、美国。
- **重要性**：亚洲与北美洲的分界线，是北冰洋通往太平洋的唯一航道。
- **海峡特色**：位于亚洲的最东端、美洲的最西端，是北美洲和亚洲之间的最短海上通道，国际日期变更线也在此处，因此，在两个相距仅有 4 千米的地方，却隔着一天的日期。

莫桑比克海峡

- **位置**：非洲大陆东南岸—马达加斯加岛之间，连通南大西洋与西印度洋。
- **附近国家**：莫桑比克、马达加斯加。
- **重要性**：南大西洋到印度洋的海上交通要道。
- **海峡特色**：世界上最长的海峡，长约 1670 千米。中国明朝时期著名的航海家郑和下西洋时也经过这里。

马六甲海峡

- **位置**：马来半岛—印度尼西亚苏门答腊岛之间，连通南海和安达曼海。
- **附近国家**：马来西亚、印度尼西亚、新加坡。
- **重要性**：太平洋—印度洋之间航运的咽喉要道，是亚洲、非洲、大洋洲、欧洲沿岸国家往来的重要海上通道。由于独特的地理位置及繁忙的海上运输，它被誉为“海上十字路口”。
- **海峡特色**：马六甲海峡就像是横在马来半岛与苏门答腊岛之间的一个“大漏斗”，东南窄，西北宽，海峡全长约 1080 千米，通航历史已有 2000 多年。由新加坡、马来西亚和印度尼西亚三国共同管辖。

马六甲河畔的荷兰红屋，是东南亚最古老的荷兰式建筑，目前已成为马六甲博物馆。

宝藏岛奇观

岛屿是海洋、湖泊和河流中四面环水的陆地。人们还常用礁来称呼岛屿，露出水面的叫岛礁，隐伏在水下的叫暗礁。岛屿的种类很多，例如大陆岛、珊瑚岛、火山岛等。

火山岛

火山岛是由海底火山喷发物堆积成山、露出海面的山顶所形成的岛屿。火山岛按其属性分为两种：一种是大洋火山岛，它与大陆地质构造没有联系；另一种是大陆架或大陆坡海域的火山岛。火山岛形成后，经过漫长的风化侵蚀，岛上岩石破碎并逐步土壤化，火山熔岩的残留物会使土壤十分肥沃。火山岛上可生长多种动植物。冰岛就是世界上最大的火山岛。

冰岛上形如草帽的死火山草帽山

大陆岛

大陆岛原来是大陆的一部分，它是由于陆地局部下沉或海洋水面普遍上升而形成的，下沉的陆地中露出水面的那部分陆地，就成为海岛。还有些大陆岛是地质史上大陆在漂移过程中被甩下的小陆地，多分布在离大陆不远的海洋上。

世界最大的岛屿格陵兰岛就属于大陆岛。

项链般的马尔代夫群岛

珊瑚岛

珊瑚虫是海洋中的一种腔肠动物，它们能分泌出石灰石，做成自己赖以生存的外壳。它们一群一群地聚居在一起，不断分泌石灰石。石灰石又经过长时间的压实、石化，形成了今天的岛屿和礁石，这就是珊瑚岛的由来。

菲律宾是名副其实的“千岛之国”，有7000多个大小岛屿。这些岛屿像散落在东南亚这个“十字路口”的一捧“宝石”。这里有很多好玩儿的海岛，可以让你尽情领略“千岛之国”独具特色的热带风情。

巴里卡萨岛看海底世界

如果你想亲身体验海底世界的旖旎风光，一定要去巴里卡萨岛，这里有著名的巴里卡萨大断层，它已被联合国列为受保护的海底区域，也是公认的顶级潜水胜地。这里的海水清澈见底，可以进行刺激的海底探险，零距离感受神奇的海底世界。

锡基霍尔岛跳牛奶瀑布

锡基霍尔岛最好玩的地方是牛奶瀑布。这里的湖水像牛奶般温润。更有趣的是可以在这里玩藤条跳水，像人猿泰山一样抓着藤条，从瀑布上飞过，以各种姿势入水。玩法别致，你一定会上瘾！

墨宝沙丁鱼风暴

你能想象与成千上万条沙丁鱼一同游弋在深蓝色的海水中是什么感受吗？在墨宝你可以找到答案。墨宝是宿务西南部的一个小渔村，这里最出名的要数沙丁鱼风暴了。墨宝的海水无比清澈，穿上救生衣，戴上护目镜，漂浮在海面上就能看到水下壮观的景象。如果你潜水技术很棒，还可以再深入一点儿，与沙丁鱼们一起来跳一场海底舞蹈。

薄荷岛上的天然“巧克力”

菲律宾薄荷岛上有这样一个盛满“巧克力”的巧克力山。尖尖的小山丘全身披着厚厚的草皮外衣，错落有致地排列着，雨季时这些山丘生机勃勃、绿意盎然，像一个个可爱的绿色小茸球；旱季时草皮褪去绿色的外衣，变成棕褐的咖啡色，看起来就像一排排特大号巧克力，“巧克力山”也因此得名。你还可以去这里看一看体长只有9～15厘米的眼镜猴。它的眼睛十分独特，小小的脸上两只圆溜溜的大眼睛，非常可爱。

巧克力山上为什么只长草不长树？

巧克力山上只有一层薄薄的浮土，下面是坚硬的石灰岩，树木的根系很难破坏岩石表面深入其内部，根基不牢，浮土也无法提供足够的营养，因此只适合茅草、菊花及一些蕨类植物安家。

美丽的珊瑚家族

马尔代夫是世界最大的珊瑚群岛，那你了解珊瑚的世界吗？碧蓝透明的海水中有着各种形态的海洋生物，单单是珊瑚就难以说尽。有些珊瑚像橘红色的花椰菜，有些有着彩虹般的鹿角，有的像鲜艳的花朵，其色彩的丰富、造型的千姿百态令人惊叹不已，它们一起构成了奇异的海底花园。

珊瑚礁是怎么来的？

珊瑚虫聚集在一起，不断生长繁衍，不断地分泌出石灰石，就形成了不同形状的珊瑚。随着珊瑚虫一代又一代的繁衍，这些珊瑚虫石灰石质的骨骼不断堆积，越堆越高、越大，日积月累，就成了珊瑚礁岛。

珊瑚是植物吗？

其实构成珊瑚的是一种海洋动物，叫珊瑚虫。珊瑚虫是有生命的腔肠动物，它们住在海底及岩石表面，身体呈软管状，用以捕食周围的浮游生物。

脑状珊瑚

脑状珊瑚看起来像人脑一样，表面呈波浪状，活的珊瑚表面有一层会发亮的活纤维，闪烁着不同的颜色，死亡后会留下白色的骨架。

泡泡珊瑚

这种珊瑚看上去像一个个小泡泡，白天有光照时它们会膨胀起来，呈白色或黄色气泡状，晶莹剔透，就像珍珠一样，晚上它们会出来觅食。

筒状珊瑚

扇形珊瑚

扇形珊瑚是柳珊瑚的一种，它们通常生活在更深的水域中，善于顺着水流生长，便于捕捉更多食物。外形呈树枝状，较脆弱，容易折断。有的可长到 3 米多高，像一把大扇子。

石芝珊瑚

石芝珊瑚长得很像蘑菇，又叫“蘑菇珊瑚”，可以缓慢移动，而且没有固定居所，喜欢独居。

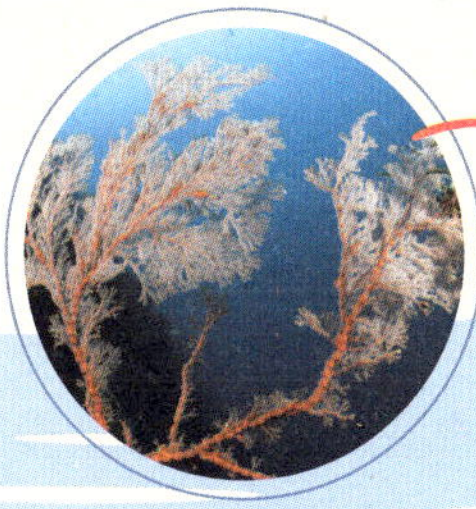

柳状珊瑚

硬珊瑚

硬珊瑚是建造珊瑚礁的主力，其骨架会搭建成低平的石灰岩块，这类珊瑚群体中的大部分都由矿物质组成，多生活在较浅的水域。

软珊瑚树

软珊瑚颜色美丽，是造珊瑚礁和水下花园的重要种类，柔软的珊瑚树主要靠体内的小硬穗支撑，外形分枝有弹性，适应能力强。

鹿角珊瑚

沙漠，不只有沙子

你小时候是不是也喜欢玩沙子？有一个地方，那儿有许多许多的沙子，它就是沙漠。你能想象吗，眼前能看到的几乎只有沙子。那么，沙漠是怎样形成的呢？沙漠里有什么动物和植物呢？

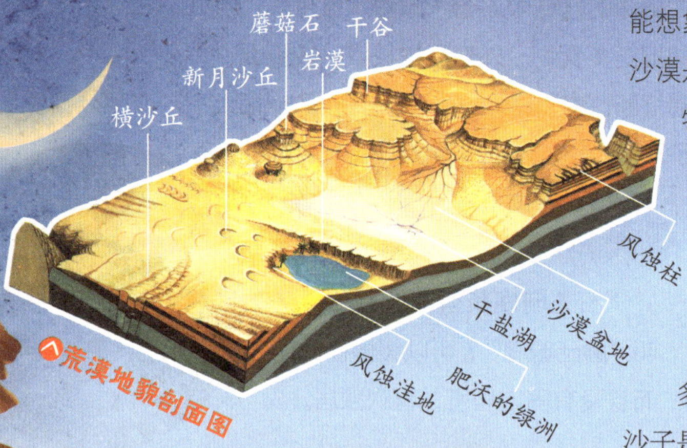

荒漠地貌剖面图

沙子从哪儿来

沙漠是指地面完全被沙子覆盖、空气干燥、雨水很少的荒芜地带，地表多沙丘，有时也会出现沙下岩石。那这些沙子是从哪儿来的呢？它们主要由岩石风化而成。白天，太阳炙烤着岩石；夜晚，气温骤降，岩石随之变凉。岩石一年年地经历热胀冷缩，渐渐变脆，最终碎裂成沙砾。在干旱、多风的环境中，细小的沙子随风滚动聚集成沙丘，越来越多的沙丘便形成了沙漠。

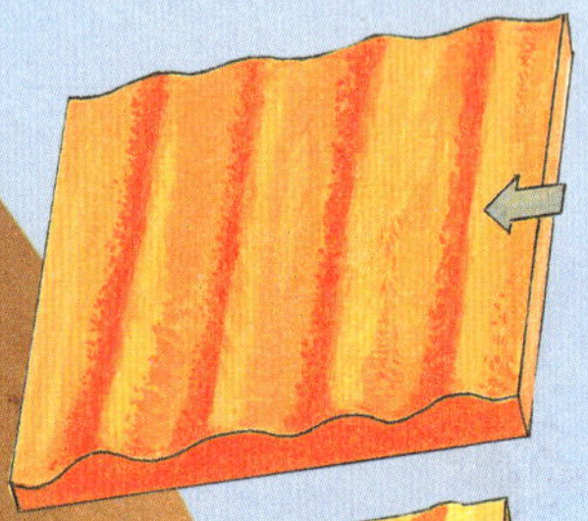

横向沙丘

在多沙的地方形成了横沙丘。其丘脊与最强风的方向垂直。

新月形沙丘

新月形沙丘比较常见。许多新月形的沙丘连在一起，就形成了壮观的沙丘链。

纵向沙丘

纵向沙丘的特点是长长的沙垄与风的方向平行，大多形成于沙子稀少和风从两个方向吹来的地方。

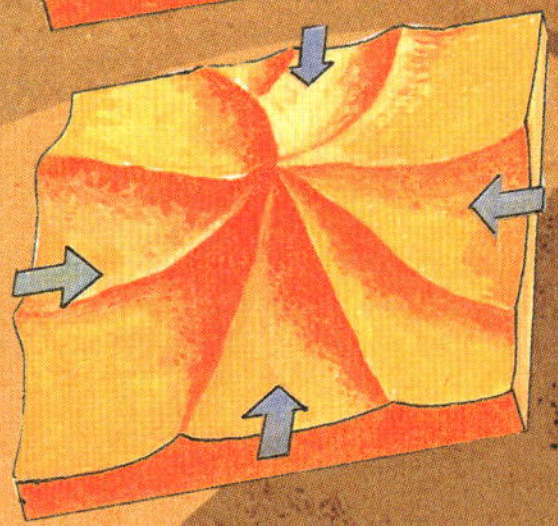

金字塔状沙丘

金字塔状沙丘是由于风从各个方向吹来造成的。

沙丘的头部和尾部

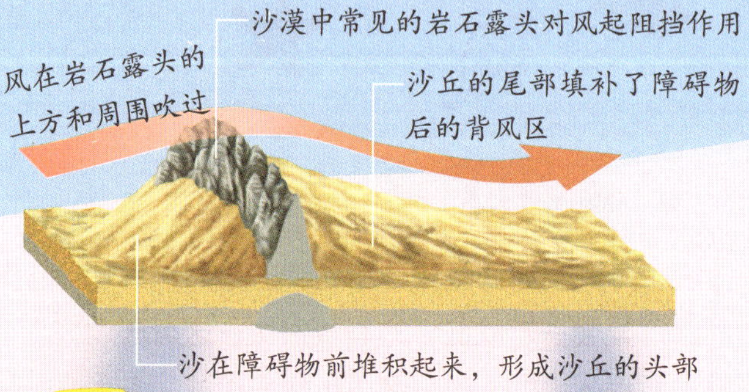

沙丘

沙丘是最典型的风积地貌，构成了沙漠中的主要地形。沙丘常常以它们的形状来命名，例如：金字塔状沙丘、新月形沙丘、沙垄等。按照沙的数量、风向的变化和植被的数量等条件，沙丘的类型大致分为 3 种：横向沙丘、纵向沙丘和多方向风作用下的沙丘。新月形的沙丘属于横向沙丘，沙垄属于纵向沙丘，而金字塔状沙丘则属于第三种。

神秘的岩塔沙漠

在澳大利亚西南海岸有一片神秘的沙漠，那里林立着奇形怪状的岩塔。这些岩塔高1～5米，已有几万年的历史。往沙漠深处走，岩塔也由灰色转成金黄色，分布面积约有4平方千米。人们还给它们起了名字，比如“骆驼”“大袋鼠”“印第安酋长”……

会“唱歌”的沙子

在一些沙漠地带，当人们在沙丘上滑动时，沙丘会发出奇异的响声，有的像汽车轰鸣，有的像青蛙鸣叫，有的像管弦鼓乐般隆隆作响。为什么会有鸣沙现象，科学家们看法不一，有的说是电荷的相互作用，有的说是沙子在流动中的共鸣，有的说是沙粒互相碰撞造成的。全世界有100多处鸣沙区。中国有3座著名的鸣沙山，分别是甘肃敦煌的鸣沙山、内蒙古达拉特旗的响沙湾、宁夏中卫的沙坡头。

敦煌鸣沙山月牙泉

世界最大的沙漠

位于非洲的撒哈拉沙漠是世界最大的沙漠，于250万年前就已形成，面积约966万平方千米，几乎占满了整个非洲北部，和中国的陆地面积差不多。它西起大西洋，东到红海之滨，东西长达5600千米，南北宽约1600千米，约占世界沙漠面积的1/3。“撒哈拉”在阿拉伯语中是“大荒漠”的意思。撒哈拉沙漠气候干燥，绝对最高气温可达50°C，地表温度高达70°C。黄沙浩瀚，沙丘连绵，蔚为壮观。

沙漠小蜥蜴

沙漠里的动物和植物

因为缺少水源，沙漠让很多动物都望而却步。但有些动物却很顽强，比如骆驼、走鹃、沙漠蜥蜴、沙漠地鼠龟、响尾蛇等。有些动物甚至可以连续几天不吃不喝。沙漠里很多动物都有剧毒。同样，也有很多顽强的植物在这里生存，为了减少蒸腾作用的耗水量，这些植物的叶片都缩得很小，有的甚至完全退化，比如仙人掌的叶子就变成了针一样的硬刺。北美洲索诺拉沙漠里的巨柱仙人掌，长得十分高大，算是仙人掌里的“巨无霸”。除了仙人掌，光棍树、佛肚树、百岁兰、芦荟、胡杨、红柳、沙棘也是沙漠里常见的植物。

巨柱仙人掌

天气与气候

天气指某个地区在短时间内的大气状态，如某地今日多云转晴，明日上午有雷阵雨等。气候描述的是较大区域、较长时间内的状况。靠近赤道的地方气候炎热，远离赤道的地方气候寒冷。人们对气候的分类会考虑多方面的因素，主要是气温和降水。人们把地球划分为几个基本的气候带。

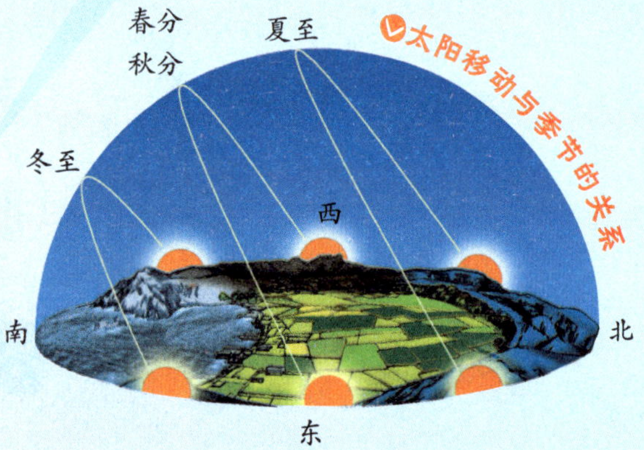

太阳移动与季节的关系

天气的成因

天气状况变化的根本原因，是太阳的光和热使我们身边的空气始终处于运动状态中。地表受热，空气温度就升高，热空气上升，冷空气过来补充热空气空出的位置，就形成了风；太阳热量使海水蒸发，就形成了云，而雨则是云冷却后落回地面的水滴。

适应气候的建筑

在寒冷的北极地区，人们用雪块和冰块建成拱形圆顶小冰屋。在气候炎热的地区，房屋不设内墙，以便空气流通。在季风气候区，为防止洪水袭击，房屋通常用支柱高高撑起。

太阳移动与季节的关系

日出、日落的方向及太阳的高度会随季节的不同而出现明显的差异。春分及秋分当天，太阳从正东方升起，并从正西方落下。夏至逐渐接近时，太阳行径偏北；冬至逐渐接近时，太阳行径偏南。

影响气候的因素

任一地区的气候都主要取决于它的地理位置，但仍有许多其他因素在发挥着作用，譬如洋流、季风等的影响。海拔高度也会对气候产生影响，海拔越高，往往就越寒冷。

气候带

气候是一个地区的典型天气状况，建立在至少30年平均天气条件的基础上。冷热寒暑，干湿旱涝，各地气候极其多样。但全球有几个基本的气候带：沙漠气候区、热带气候区、温带气候区、寒带气候区、极地气候区和山地气候区。

北极地区因纽特人的拱形圆顶小冰屋

东南亚湿热地区由支柱撑起的浮脚楼

北非地区漆成浅色的小房子

欧洲瑞士人的斜顶小屋

沙漠气候区

沙漠气候出现在沙漠和半沙漠地区，降雨稀少，昼夜温差大，白天炎热难耐，晚间颇为寒冷，主要分布在中低纬度地区，如北非的撒哈拉沙漠、西亚阿拉伯沙漠等地。

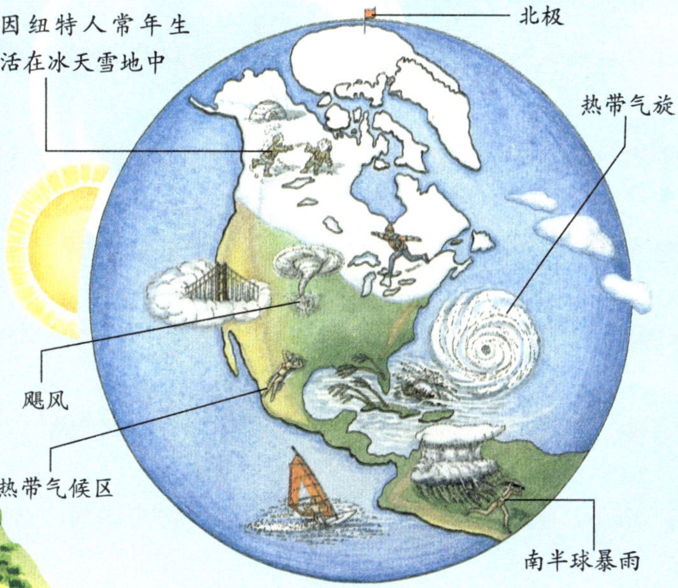

温带气候区

温带气候气温宜人，雨量适中。温带气候区主要位于赤道两侧的狭长地带，不过由于喜马拉雅山脉和落基山脉的阻隔，北半球的温带气候区并不是连成一片的。

温带气候区

山地气候

山地气候是海拔比较高的山脉所特有的气候类型。由于海拔高度会影响气温和降水，譬如山脚是热带气候，到了山顶则成了冰雪覆盖的寒带气候，因此高山上的气候通常可以垂直划分出几个不同的气候带。

西伯利亚冻原
位于西伯利亚北部，是一片辽阔的大平原，这里的冻土层最厚处可达 1370 米。

热带气候区

热带气候的特点是全年高温，降雨量很大。赤道附近的热带气候区，一年四季的降雨量是基本相同的；再往南或往北，降雨则大多集中在雨季。热带气候区包括中美洲、加勒比海、南美洲和非洲的大部分地区，世界上大约一半的人口生活在热带气候区。

寒带气候区

寒带气候的夏季凉爽而短暂，冬季漫长而寒冷。在北半球，宽阔的寒带气候区环绕着地球；在南半球，只有极少数地区属于寒带气候。

寒带气候区

极地气候区

极地气候气温低，终年刮强风，冰雪不化。北美洲的阿拉斯加、加拿大北部、格陵兰岛、俄罗斯北部以及南极洲等两极附近的地区都属于极地气候区。

极地气候区

地中海气候

地中海气候最重要的特征是夏季炎热干燥，冬季温和多雨，主要分布在地中海、美国的加利福尼亚州沿岸以及澳大利亚南缘和西南沿岸等地区。

一朵一朵天上的云

云是由空气中无数个小水滴和小冰晶集合而成的。云有 3 种基本类型：独立分布的积云、层层相叠的层云及羽毛状的卷云。其他各种云，尽管颜色和形状各有差异，但其实都是这 3 种云的变体或混合体。

卷云

卷云是最高的云。高处的低温使云中的水滴凝成了小冰晶，就形成了卷云。

云的形成

水受热蒸发到高空，遇冷凝结成小水滴。这些小水滴又小又轻，直径通常只有 0.01～0.02 毫米，最大的也只有 0.2 毫米。所以它们能长时间地悬浮在空中，形成了云。

积雨云

积雨云多由水滴、冰晶、雪花组成，有时还含有散粒和冰雹。在云内的强烈上升、下沉气流区里，经常会出现起伏不平的反应。发展成熟的积雨云常产生较强的降水，同时伴有大风、雷电等现象，有时还会降冰雹，出现龙卷风。

层积云

层积云是最常见的一种云。它的高度比较低，由一层白色或浅灰色的团块状云组成，一块块云连在一起，形成有规则的外形，空隙间还能透过阳光。

高积云

高积云是一种美丽的云，由冰晶和冷水滴混合而成，呈白色或灰白色。它往往预示着晴朗的天气即将结束，是雷雨出现的前兆。

云的高度

云按高度分类常分 4 大类，即高云、中云、低云和直展云。高云在 6000 米以上，又分为卷云、卷层云、卷积云；中云在 2500～6000 米，又分为高层云和高积云；低云低于 2500 米，又分为层积云、积云和积雨云；直展云低于 2000 米，有层云和雨层云。

层云

层云是层状的云，在距离地面仅 500 米左右的高度形成。层云形成后往往会带来连绵不断的小雨或小雪。

高层云

高层云是一种薄薄的云，含有较多的水分，只能透过很微弱的阳光。高层云往往预示着降水。

云的分类法

云的形态实在太多了，直到 1803 年，英国药剂师卢克·霍华德用其发明的分类法才将它们进行了分类，这种方法是至今仍被专家认同的方法。霍华德将云分为 3 种形态 10 种类型：3 种形态为积云、层云及卷云，10 种类型为积雨云、积云、雨层云、层云、层积云、高层云、高积云、卷层云、卷积云及卷云。由于这种分类法十分简单有效，直到今天仍被气象研究人员广泛采用。

看一场极光盛宴

北极圈附近的地区是观赏极光的理想场所。极光的美一直吸引着世人，伽利略用古罗马神话中曙光女神欧若拉（Aurora）的名字为它命名。在伽利略心中，极光如神话中的曙光女神一般，带给人们美好和希望。

在冰岛罕见的多彩极光

高空中的绚丽极光

晶莹而又迷幻的绿光是最常见的极光。这种绿光往往没有固定的形状。站在地面上分辨不出极光的高度，科学家们测量后发现，这种白绿色极光一般分布在 100 ~ 180 千米的高空区域。还有一种被称为 A 型极光的红色极光和被称为 B 型极光的下缘为红色的极光。A 型极光多呈弥漫状光弧，大多分布在 200 ~ 400 千米的高空，个别可达 1000 千米。B 型极光多为射线式结构，分布高度的下缘一般在 90 ~ 110 千米，有时也会低至 65 千米。

极光下的草帽山

带有射线式结构光帘幕的极光

极光的形态之美

极光的形态飘逸变幻。从地面上观看，有的极光呈光弧光带状，宽度均匀，形状较稳定，以非常缓慢的速度移动；有的极光带有射线式结构的光帘幕、光弧、光柱或光带，以很快的速度移动；有的是一个很大的发光面，比如红色极光；有的则呈弥漫状，如云朵一般。各种各样的极光展现出大自然的奇幻和壮丽。

极光观赏地

人们只有在地球南北两极附近的高纬度地区才能看到极光。如欧洲的冰岛、挪威、瑞典、芬兰和俄罗斯北部，以及美国的阿拉斯加州、加拿大北部，中国的黑龙江省和南极洲等地也可看到。

在芬兰拍摄到的极光

为什么会出现极光

绚丽多彩的极光产生于地球的上空，奇幻的表象背后是粒子间的猛烈碰撞。当来自太阳的高速带电粒子流（即太阳风）冲向地球时，在地球磁场的作用下发生轨道偏转并汇聚成束，进而与大气层中的分子和原子猛烈碰撞并释放出各色光能，如此便形成了极光。

大气层、地球磁场和太阳风，是极光产生的三要素。倘若这三个要素发生变化，极光也会随之变化，甚至消失不见。

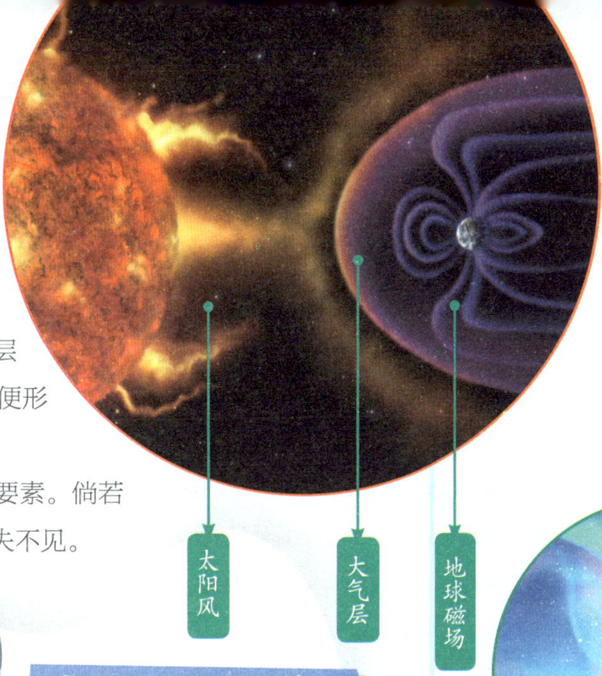

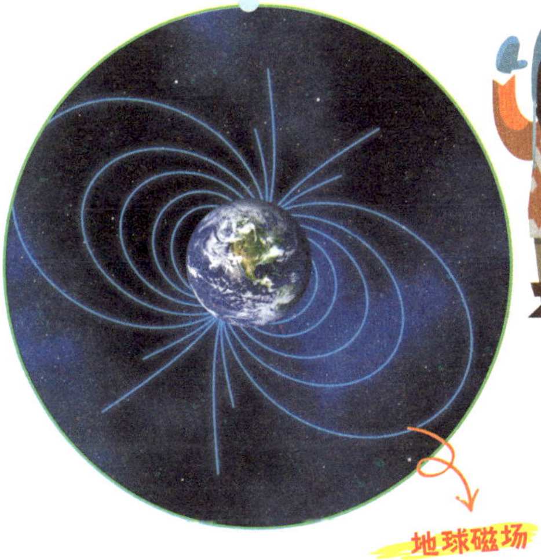

关键的地球磁场

地球磁场的磁极并非恒定的，而是不断地改变位置。地球历史上曾发生过多次磁极倒转。古地磁研究显示，自 4.5 亿年前至今，长期的地磁场倒转发生了 3 次，其间还存在短期的极性倒转现象。有科学家预测，不排除未来某一天磁极会完全倒转，且这一时刻随时都有可能到来。在磁极倒转的过程中，无法确定极光会如何改变。

地球的母爱之光

重要的是，地球磁极倒转不会导致地球磁场消失。幸好地球磁场不会消失，因为这关乎包括人类在内的所有地球生灵的存亡。倘若没有地球磁场的保护，太阳风暴将直接侵袭地球，致命的太阳辐射会灼伤地球上的所有生命体，大气温度也将迅速升高，从而导致冰川融化，海平面上升，淹没大地，人类灭亡。地球母亲为呵护她的孩子，用地磁和大气之盾阻挡着太阳风暴，也迸发出了极美之光。极光，可谓地球的“母爱之光”。

地球“发飙”了

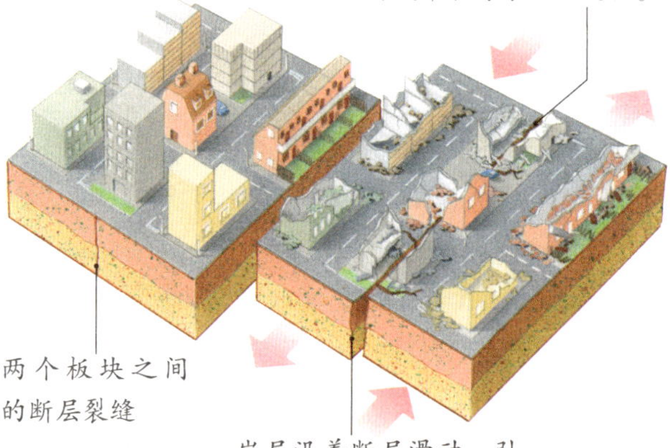

地球母亲有神奇的魔法，她赐予我们高山大川、朝霞落日等美好，让我们感叹生命的惊奇。但她也有发脾气的时候，每当这时，地动山摇，炽热的熔岩和灰尘漫天飞舞，海上掀起巨浪，洪水淹没家园……地震、火山喷发、洪涝、海啸等灾害，都是她“发飙”的表现。下面，让我们先来认识一下地震、火山吧。

哎呀，大地裂了！

每隔 30 秒，世界上某个地方就会发生一次轻微的震动，有些我们感觉得到，有的却毫无察觉。而当大型地震来临时，那就糟了，大地剧烈晃动，地面开裂，房屋倒塌，甚至造成伤亡。如我们所知，地壳是由不同的一直在缓慢移动的板块组成的，当不同板块互相碰撞时，板块交界处因受强力挤压，常常发生地震。

海底地震大多会引发海啸，巨大的波浪越靠近海岸力量越大，有的浪高近百米，威力足以摧毁一切。

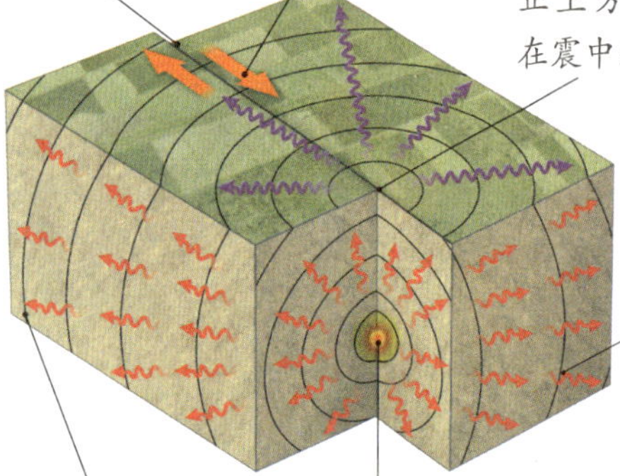

哪里最容易地震？

沿着地球几大板块交界处形成了几条地震带，不只在陆地上，也向海洋延伸。

世界三大主要地震带

环太平洋地震带

分布于濒临太平洋的大陆边缘与岛屿，集中了世界上约 80% 的地震。

地中海—喜马拉雅地震带

横越欧、亚、非三洲，带状特征鲜明，集中了世界约 15% 的地震。

洋脊地震带

分布在全球各大洋脊的轴部，均为浅源地震，震级一般较小。

火山来了！

你能想象一条条闪闪发光的火蛇从山顶沿着山坡向下奔流吗？它炽热的温度，足以把坚硬的钢铁熔化；山顶像个巨大的烟囱口，热腾腾的烟灰、火焰“喷泉”突突地往外涌，让人胆战心惊。看！火山爆发啦！

地壳运动加速了地下岩浆的活动，它们被挤出地面，直冲云霄。这闪光的火蛇就是熔化了的岩石，即岩浆。岩浆冷却固化后可形成不同的火山岩。

每一座火山都有属于自己的外貌和性格，岩浆厚重则会产生坡度陡峭的锥状火山；岩浆若是软而黏，则火山坡度相对平缓。有的像对称的圆锥，有的火山口平平的像案板，有的火山口有个凹陷的湖，真奇妙！

除锥状火山外的几种火山类型

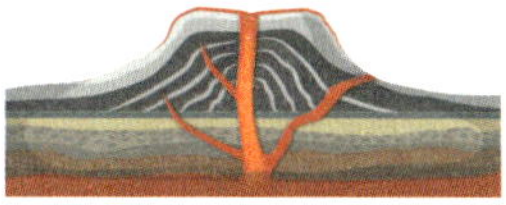

盾状火山

黏性不高的熔岩相对稀薄，温和地向外流溢，形成顶部平缓、状如盾牌的火山。

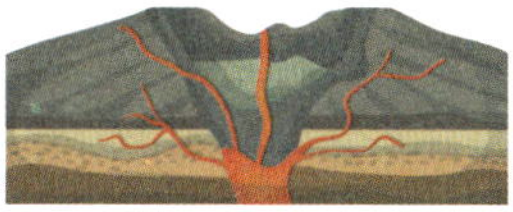

锅状火山

岩浆喷发过后，火山口附近开始坍塌陷落，形状似锅。

穹状火山

黏性很强的岩浆相对缓慢地喷出地面，堵塞在火山口内，并向外聚集膨胀，呈穹隆状。

代表性火山景观

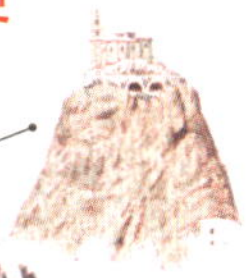

代表景观1：
法国南部勒皮市

代表景观2：
美国新墨西哥船岩

代表景观3：
北爱尔兰海岸巨人堤

岩浆冷却固化后形成的岩石

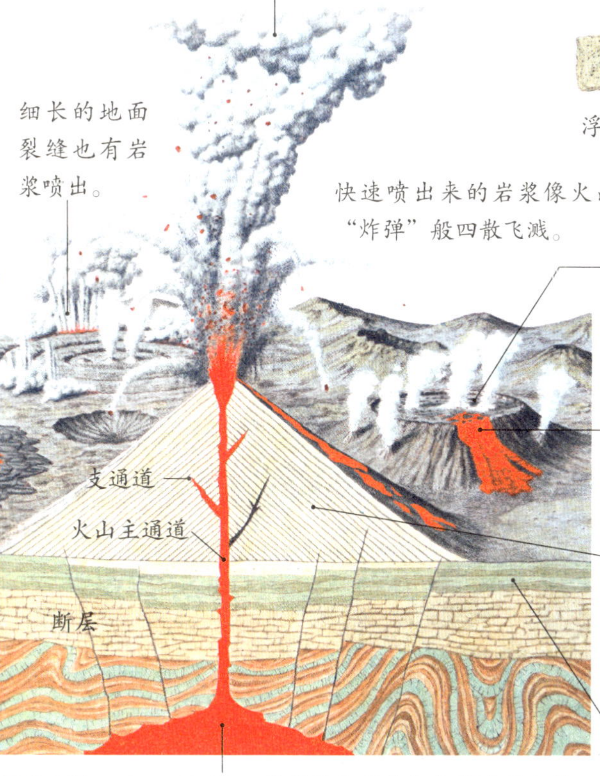

火山纵列

火山，是地球发出的呐喊，或铿锵有力令人震慑，或无声站立令人叹为观止，它们或横亘在大地之上，或沉睡在海面之下，或美丽温柔，或暴烈张扬，每一种样貌都有它不同的风姿。它们只是站在那里，哪怕静默无言，就足以令我们敬畏。

马荣火山：世界最完美的火山

和日本一样，菲律宾也是“火山王国”，有 200 多座火山，活火山有 21 座。位于吕宋岛的马荣火山是最大的活火山，它有着近乎完美的圆锥形山体，被称为“世界最完美火山”。它高 2421 米，像一个巨大的圆锥耸立在椰林、稻田间。白天，它不断喷出白色烟雾，山头云雾缭绕，格外神秘。晚间，烟雾陡然一变，红如斜阳，与天边夕阳、晚霞相映照，绚丽壮观。

火山奇观：夏威夷火山公园

位于太平洋中心的夏威夷群岛实在太出名了，这里有美丽的热带岛屿风光，有热情欢快的草裙舞，有芳香四溢的鲜花水果……但是，你知道它其实是火山群岛吗？它的 8 个主要岛屿、124 个小岛，都是由火山喷发形成的，有着恢宏震撼的火山地质奇观。其中最吸引人的是夏威夷火山公园，这里有两座火山——基拉韦厄火山和冒纳罗亚火山，它们是十分活跃的火山，特别是基拉韦厄火山，山顶上巨大的破火山口直径 4000 多米，深 130 多米，内含许多小火山口，其中一个直径约 1000 米的小火山口，常年沸腾着炽热的岩浆，喷发时还会形成“岩浆喷泉”或“岩浆瀑布”，十分神奇。

基拉韦厄火山名称的意思是“吐出许多”。基拉韦厄火山的活动极为频繁，曾经有 30 年喷发 50 次的纪录。

维苏威火山

维苏威火山坐落于意大利南部那不勒斯湾东岸，距那不勒斯市东南约 11 千米，火山锥高约 1280 米。维苏威火山在公元 79 年有过一次猛烈的喷发，摧毁了当时有 2 万多人口的庞贝城。

极地里的火山

极地也会有火山吗？在人迹罕至的南极洲，埃里伯斯火山就像一座灯塔，引领着人们来到这里。在午夜阳光的照耀下，它被玫瑰红与松石绿的光晕所笼罩，喷出的蒸汽可以一直飘过冰封的罗斯岛上空。

恩戈罗恩戈罗火山口

恩戈罗恩戈罗火山口位于坦桑尼亚北部东非大裂谷内，是一个死火山口。它的形状像一个大盆，“盆底”直径约 16 千米，“盆壁”陡峭，底部面积有 260 平方千米。它的外形与月球火山口相似，是世界第二大火山口。

埃特纳火山

埃特纳火山位于地中海中部，意大利的西西里岛上，海拔 3323 米，是欧洲最高的活火山。史籍记载，埃特纳火山首次喷发是在公元前 475 年，它是地球上喷发记录最多的活火山，20 世纪以来就已喷发了十余次。

富士山

日本的富士山是一座休眠火山，据说是因地震而形成的。山顶上有大、小两个火山口，由于火山口喷发，富士山在山麓处形成了无数山洞，有的山洞至今仍有喷气现象。最美的富岳风穴内的洞壁上结满钟乳石似的冰柱，终年不化。

糟糕，雪崩了！

不好，雪崩来了！

我们经常能在新闻中看到关于雪崩的报道。那么你了解什么是雪崩吗？它是怎么产生的？有什么危害？……想知道答案吗？马上为你解疑释惑。

什么是雪崩？

由于山坡积雪太厚，经过阳光照射，融化的雪水渗入积雪和山坡之间，从而使积雪与地面摩擦力减小，在重力作用下，大量雪体向下滑动，就形成了雪崩。它是积雪山区的一种自然灾害。欧洲的瑞士是著名的滑雪胜地，也是雪崩频发的地方。

特殊滑雪服

为了预防和应对雪崩，瑞士的一家体育用品公司专门生产了一款特殊的滑雪服。它的样子有点儿像救生衣，遇到雪崩时，使用者拉下自动充气绳就可以充气，确保雪崩时滑雪者的头部始终保持向上，从而避免因头部受到猛烈撞击而昏迷。滑雪服颜色一般都很鲜艳，这是为了便于搜救。

雪崩研究所

瑞士境内不少滑雪场都设有雪崩防护、监控及警报系统。位于达沃斯的瑞士联邦冰雪和雪崩研究所，是世界上仅有的两家雪崩研究所之一。研究所在阿尔卑斯山地区设立了多个远程自动观测站，配备了各种测量风速、积雪厚度和温度的仪器，并对测试结果进行汇总、分析，以及时发布雪崩预警。

看到雪崩警示牌一定要小心，千万不能在这里滑雪、停留！

危险，不要靠近！

雪崩的形成条件

我们经常在电视上看到这样的情景：在雪山中，因为某人突然大声说了句话或做了一个什么动作就引发了雪崩。雪崩的发生好像难以捉摸，其实不然，雪崩一般形成在坡度为 25° ~45° 之间的山坡上，因为坡度太陡，冰雪会频繁下滑，而不易堆积；如果坡度小，雪层下滑的动力就小了。根据这一条件，就能大体判断出相对危险和相对安全的区域。

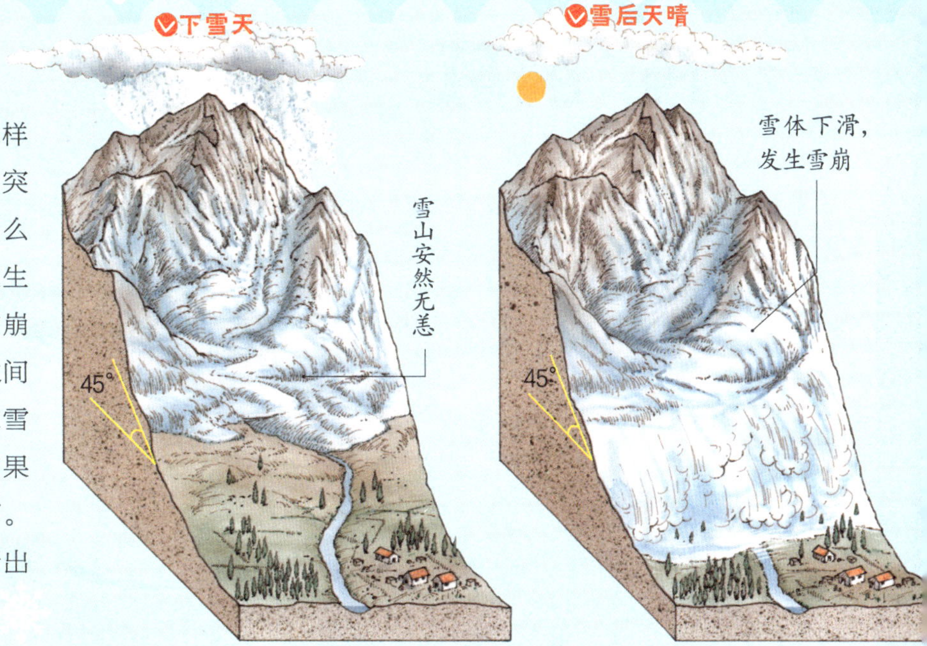

发生雪崩，人可能会被雪掩埋。

雪崩来了怎么办？

雪崩被称为“白色妖魔”，它的速度和冲击力非常惊人，足以摧毁一切。雪崩来临时，应迅速抛弃身上的重物，千万不要径直朝山下跑，向两边跑才比较安全。如果雪崩面积很大，无法逃脱时，可就近找一处岩石躲在后面；若找不到岩石，就用双手捂住脸，以免引发窒息。当被雪掩埋时，先让口水流出以判断上下方向，然后奋力向上挖掘，等待救援。

阿尔卑斯山搜救犬

阿尔卑斯山经常会发生“雪崩”，这里的搜救犬为挽救雪崩中的遇险者贡献了很大力量。阿尔卑斯山的搜救犬是体形巨大、身体强壮的圣伯纳犬，它是阿尔卑斯山土生土长的一种犬，也被称为“阿尔卑斯山獒”。它性格温顺、容易训练，是一流的救援犬和护卫犬，在阿尔卑斯山茫茫雪原中挽救过无数遇险者。

发生雪崩后，圣伯纳搜救犬在仔细搜救遇险者。

“恐怖”的风

飓风是一种自然灾害，飓风中心有一个风眼，风眼越小，破坏力越强，它恐怖的风力可以掀翻汽车、拔起大树、吹倒房屋，还时常伴随大量的降雨，造成洪灾，严重威胁人们的生命财产安全。

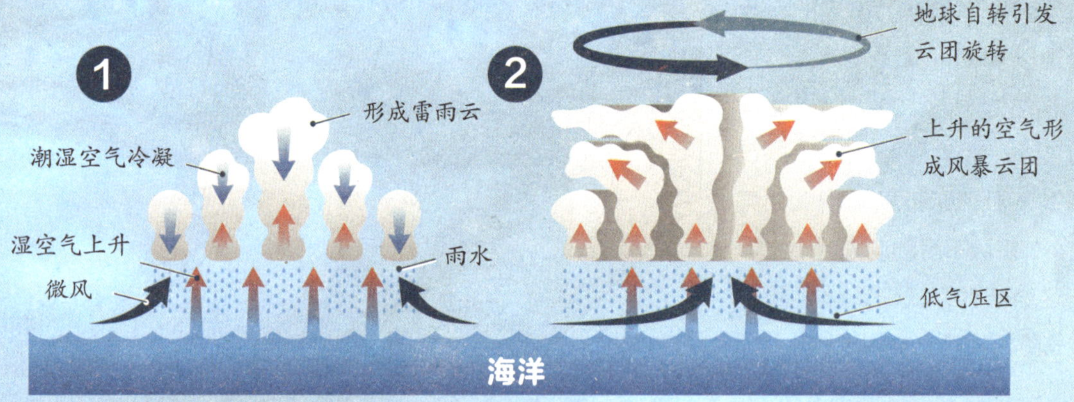

时速 119 千米及以上的飓风

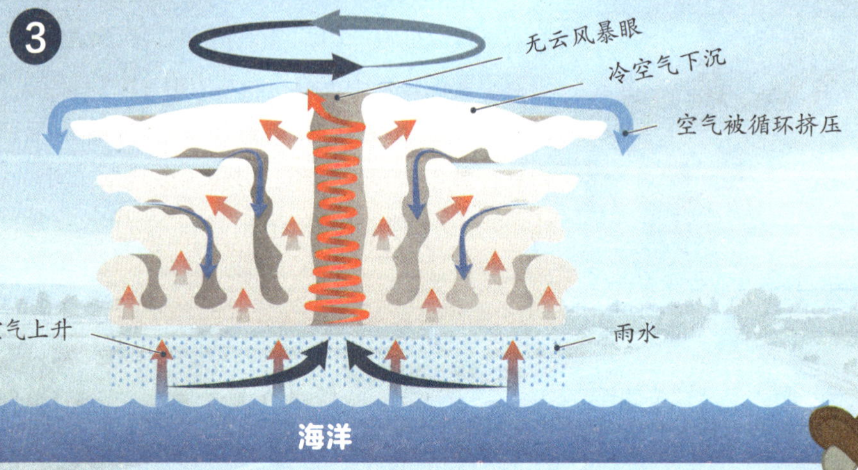

飓风和台风

其实飓风和台风是一样的，都是风速达到33米/秒以上的强烈热带气旋，只因为发生的区域不同，才有不同的名字：生成在西北太平洋和中国南海的强烈热带气旋被称为“台风”，生成在大西洋和北太平洋的则被称为“飓风”。

卡特里娜飓风

卡特里娜飓风是发生在2005年8月的五级飓风，给美国路易斯安那等州造成了灾难性的破坏，1800多人丧生，造成的经济损失高达2000亿美元，是美国历史上破坏力最大、致死人数最多的飓风。

卡特里娜飓风过后

勇敢的“追风人”

龙卷风虽然可怕，但也十分壮观，因此每年有很多人会来到龙卷风走廊追逐龙卷风，成为“追风人”，体验别样的速度与激情。当然，要想成为“追风人”并不容易，龙卷风移动速度快，还时常伴随着狂风暴雨、电闪雷鸣、飞沙走石。龙卷风变幻莫测，必须比风快，才能成功逃命，不仅需要格外小心，还需要有非常丰富的经验和卓越的判断力。

追风人

龙卷风走廊

在北美大平原美国 44 号州际公路沿线，也就是落基山脉延伸到阿巴拉契亚山脉的地方，因为来自落基山脉的干燥冷空气与来自墨西哥湾的潮湿空气相遇，每年都会形成 1000 次以上的龙卷风，因此被称为“龙卷风走廊”。龙卷风出现时往往有一个或数个漏斗状云柱，沿途经过的农田、房屋都会被摧毁殆尽，甚至还会把人吸卷到空中。

龙卷风走廊

辛普森飓风分级

为了更好地了解飓风的破坏力，美国人定义了萨菲尔-辛普森飓风等级（SSHS），将“1 分钟平均风速”作为持续风速，把飓风分为一至五级：一级飓风最高持续风速 33 ~ 42 米 / 秒；二级飓风最高持续风速 43 ~ 49 米 / 秒；三级飓风最高持续风速 50 ~ 58 米 / 秒；四级飓风最高持续风速 59 ~ 69 米 / 秒；五级飓风最高持续风速大于等于 70 米 / 秒。级数越高，飓风破坏力越强。

地球最后的净土

你看过纪录片《帝企鹅日记》吗？冰川、企鹅、极昼、极夜……关于南极，你是不是既好奇又向往呢？南极是荒凉极寒的冰雪世界，环境严酷，但却是鲸、海豹、企鹅的家园，也是理想的科考环境，令人向往的旅游探险胜地。南极有着什么样的秘密呢？

冰雪覆盖的人间净土

南极洲，地球上人类最后涉足的一块大陆，在地球的最南端，四周被太平洋、印度洋和大西洋所环绕，大约相当于 1.5 个中国，近 95% 的陆地被冰雪覆盖。整片大陆被分为西南极和东南极：西南极是一组群岛，面积较小，地形相对复杂，有山地、高原、盆地；东南极面积较大，由古老的地盾和平原构成，包括科茨地、毛德皇后地、南极高原等。临海地区有很少的土地长年无冰雪覆盖，是该地区动植物的主要栖息地，被称为南极“绿洲”，有湖泊、火山等地貌。

扎沃多夫斯基岛

喜欢企鹅的人对南极南大西洋上的扎沃多夫斯基岛一定不陌生。它是一座火山岛，宽不到 6 千米，面积约 25 平方千米，为这座小岛提供了一定的热量，因此冰雪无法堆积，每年大约有 200 万只纹颊企鹅来到岛上生儿育女，是世界上最大的企鹅栖息地。

对于到南极洲旅游的游客来说，罗斯岛上的埃里伯斯火山就像一座灯塔一样吸引着他们前去一探究竟。

南极最高火山埃里伯斯火山

埃里伯斯火山是地球最南端的火山，位于南极大陆西南部的罗斯海中的罗斯岛上。外观看起来有点儿像富士山，是一个漂亮的圆锥体，规模也和富士山相当，海拔高达 3794 米，基座直径 30 千米，椭圆形的火山口直径约 800 米，深达 275 米，火山口底部还有一个熔岩湖。埃里伯斯火山十分活跃，经常发生火山活动，是研究强地质现象的重要对象。

乳白天空是南极洲的自然奇观，但置身于乳白天空下的野外是非常危险的。

世界上最大的浮冰罗斯冰架

罗斯海南部漂浮着大名鼎鼎的罗斯冰架，从南极中部高原向外延伸了 800 千米，面积和法国相当，是世界上最大的一块浮冰，几乎填满了整个海湾。冰架厚度大多在 100～700 米，边缘是几近垂直于海面的高 10 多米的陡崖。看起来像一艘没被绑好的冰筏子，正以每年 1.5～3 米的速度不断滑入海里。

乳白天空

乳白天空是极地的一种天气现象。由于阳光在冰层、云层及无数细小雪粒间不断反射而产生了一种乳白色光线，形成白茫茫、雾蒙蒙的乳白天空。身处其中的人无法分清近景和远景，严重的话，还会产生眩晕感。

天堂湾浮冰

天堂湾是南极半岛中一个三面环山的海湾，也是南极最美的峡湾之一。

地球的伟大表演

第二部分

了不起的地球公民

ENCYCLOPEDIA OF EARTH

古生物化石之旅

打开一个网络浏览器，输入“古生物”和“化石”两个词，就会弹出很多关于化石的消息报道。化石中都有哪些神秘的古生物呢？让我们一起看看吧！

三叶虫

三叶虫最早在5.42亿年前的寒武纪就已经出现，它们在寒武纪晚期发展到高峰，然后开始衰退，最终在2.9亿年前的二叠纪完全灭绝，总共在地球上生存了近3亿年，可见三叶虫是一种生命力极强的生物。三叶虫是节肢动物，身体分为头、胸、尾三部分，背部坚硬的背甲被两条背沟纵向地分成了三部分，像三片柳叶，这也是它们名字的由来。

无洞贝属

无洞贝属是腕足动物的一种绝灭属，它们最早出现于4.4亿年前的奥陶纪，一直存活到泥盆纪。无洞贝属的壳大多为椭圆形且背壳有明显的隆起，壳上呈放射状的纹路是它们最鲜明的标志，还有像圆规画出来的同心生长纹。

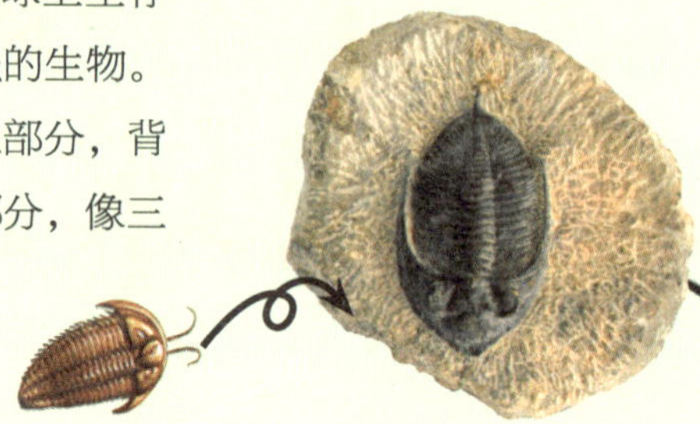

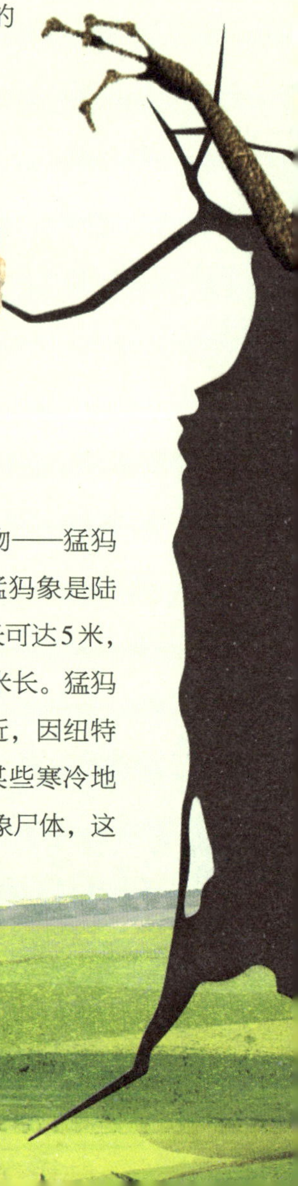

猛犸象长牙

我们再来看看陆地上的庞然大物——猛犸象。相信大家一定对其早有耳闻。猛犸象是陆地上生存过的大型哺乳动物之一，身长可达5米，身高约3米，一根长牙就足足有1.5米长。猛犸象化石出土最多的地方在北极圈附近，因纽特人还用巨大的象牙化石做屋门。在某些寒冷地区，甚至还发现了被冰冻封存的猛犸象尸体，这为复活猛犸象提供了可能性。

巨齿鲨牙齿

巨齿鲨生活在2300万年前到260万年前，身长可达20米，体重可达90吨，现在的海洋霸主大白鲨在它面前就像个宝宝。巨齿鲨是有史以来最大的鱼类掠食者，很多古生物学家都认为它是地球史上最强悍的生物。由于鲨鱼是软骨鱼类，骨骼部位很难留下化石，牙齿就成为形成化石的主要部位。巨齿鲨的牙齿最长可达18厘米，如成年人的手掌那么大。当一个满嘴都是这么大牙齿的猛兽张开巨嘴，鲸也只能成为它的盘中餐。

菊石

菊石可不是一种石头，而是一种已经灭绝的海生无脊椎动物。它最早出现在距今4亿年前的泥盆纪初期，在三叠纪广泛分布，最终在距今约6500万年前的白垩纪末期绝迹。菊石是从鹦鹉螺进化来的，而鹦鹉螺至今还生活在海洋里，所以称鹦鹉螺为活化石一点儿都不为过。

菊石长得和鹦鹉螺类似，大都背着一个螺旋形的壳，但是也有一些壳是锥形和三角形的。这种背着壳的动物和章鱼、鱿鱼可是近亲呢。

似鸡龙

看到似鸡龙这个名字你应该就能想到它的样子了:和鸡相似，有着长长的脖子、细长的腿，以及没有牙齿的嘴；除此以外，似鸡龙的眼睛长在脑袋两侧接近头顶的地方，方便其获得更广阔的视野，把周围情况看得一清二楚。虽然长得像鸟类，但它却是恐龙的一种，它没有羽毛和翅膀，前肢非常短，且有锋利的爪子。相比于恐龙家族的其他成员，它的身材显得并不起眼，但它却是似鸟龙类恐龙里体形最大的。

超级动物家族

动物是一种可以在周围环境中自由活动的生物。它们有的简单到只有一个细胞，有的则是由数万亿个细胞组成、可以在地球上行走的庞然大物。寄生动物安逸地生存在其他生物体内，身体结构十分简单；而属于灵长类动物的人类，却用智慧将世界变得更加丰富多彩。

生活在南极的帝企鹅一家

动物的身体

动物的身体结构，是先由细胞形成组织，再由组织形成器官，最后器官联合成系统，从而形成完整的动物体。最小的原生动物，人类用肉眼是看不到的；最大的动物蓝鲸，体重可达181吨。

海参类、海星类、海胆类、海百合类

棘皮动物

头足类、腹足类、瓣鳃类（如蜗牛、田螺、河蚌等）

长嘴巴的鹈鹕

大嘴巴的河马

鱼一般是用鳃呼吸的。

形形色色的嘴巴

动物的嘴巴主要用来摄取各种食物，还能当作武器。比如，蝗虫、蚊子等用口器取食。脊椎动物的嘴内一般有舌头和牙齿。老虎等猛兽的牙齿可以咬死体形很大的动物。

软体动物

水螅类、珊瑚类、钵水母类（如水螅、海葵、珊瑚、水母等）

腔肠动物

各式各样的呼吸方式

动物的呼吸方式各有不同。生活在陆地上的动物大多用肺呼吸；鱼类等水生动物主要用鳃或皮肤进行呼吸，肺鱼还能用鱼鳔呼吸。动物呼吸时吸入氧，呼出二氧化碳。

蝰蛇

蛇和鳄鱼都是变温动物，它们的体温会随着环境温度的变化而变化。

恒温与变温

所有动物的身体都需要热量。哺乳动物和鸟类产热与散热平衡，体温不变，叫作恒温动物；其他动物的体温随环境而改变，叫变温动物，比如蛇、鳄鱼等。

恐龙来了

距今上亿年的侏罗纪和白垩纪是恐龙统治地球的时代。你知道吗？这两个地质时期的命名都跟法国密切相关。

1829 年，法国古生物学家布隆尼亚尔用侏罗山的名字命名了侏罗纪，因为这里有许多属于那个久远时期的石灰岩。侏罗山位于法国和瑞士的边界。白垩纪则是地质学家德哈罗乌在法国进行地质考察时，根据那个时期标志性的白垩沉积而命名的。在侏罗纪和白垩纪，数量众多、形态各异的恐龙活跃于世界各地，很多恐龙的惊人特点超乎我们的想象。

陆上最大肉食者

已知最大的肉食性恐龙之一——霸王龙就生存于白垩纪。它的牙齿锋利且巨大，长达 15 厘米。成年霸王龙的体重足有 3 头大象加起来那么重。古生物学家可以通过它们骨骼化石横截面上的生长纹的数目来确定它们的年龄，这和用年轮确定树龄的方式很相似。

长脖子冠军

别看现在的长颈鹿整天高傲地仰着长脖子，如果把它放到侏罗纪，和当时的马门溪龙比试一番，毫无疑问，长颈鹿会输得很惨，因为马门溪龙是迄今为止人们所知道的脖子最长的动物。马门溪龙的身长能达到 25 米，之所以这么长，完全是脖子的功劳，因为它的脖子就有 14 米长，占了身长的一半还多。

马门溪龙生活在侏罗纪晚期，身长 21 ~ 25 米，化石发现地点在中国四川、甘肃、新疆等地。

马门溪龙的颈椎骨化石

活动的装甲车

包头龙生活在白垩纪晚期，是植食性恐龙，也属于“全副武装”的甲龙类恐龙。它们不仅身披厚厚的“铠甲”，就连眼睑都披上了甲板，整个脑袋也被包裹得严严实实。甲龙身体的甲板上还长着锋利的骨刺，就像插着很多匕首一样。它们的尾巴像一根结实的棍子，尾端还有沉重的骨锤，能给敌人以沉重的打击。

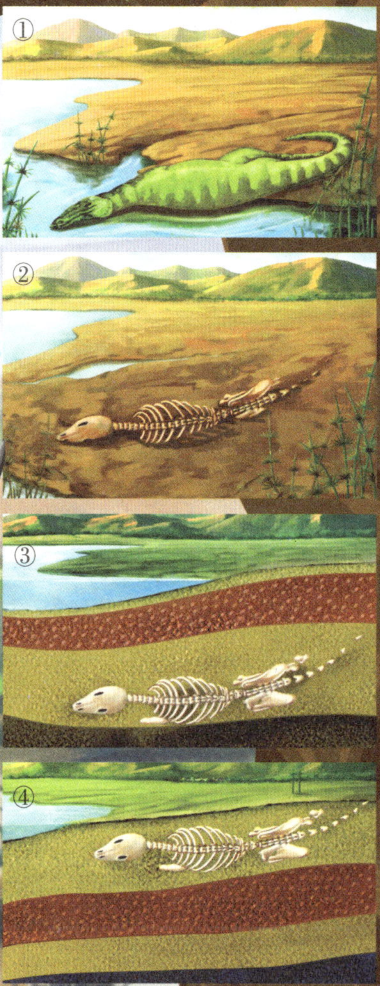

地球趣闻

恐龙化石是怎么形成的？

①恐龙的尸体逐渐被泥沙覆盖，尸体的柔软部分最先腐烂。

②层层沉积物包裹住了恐龙的骨骼。

③恐龙的骨骼逐渐石化，变得比石头还要坚硬。

④数万年以后，地壳的隆起将含有恐龙化石的地层重新抬升到地表。

了不起的生物圈

在地球上，生物占据着大气圈的最底层、海洋的最表层和地壳不到 12 千米深的表层，它们对这些环境产生了很大的影响，并最终创造出了适宜自己生存的环境，这就是我们所说的生物圈。

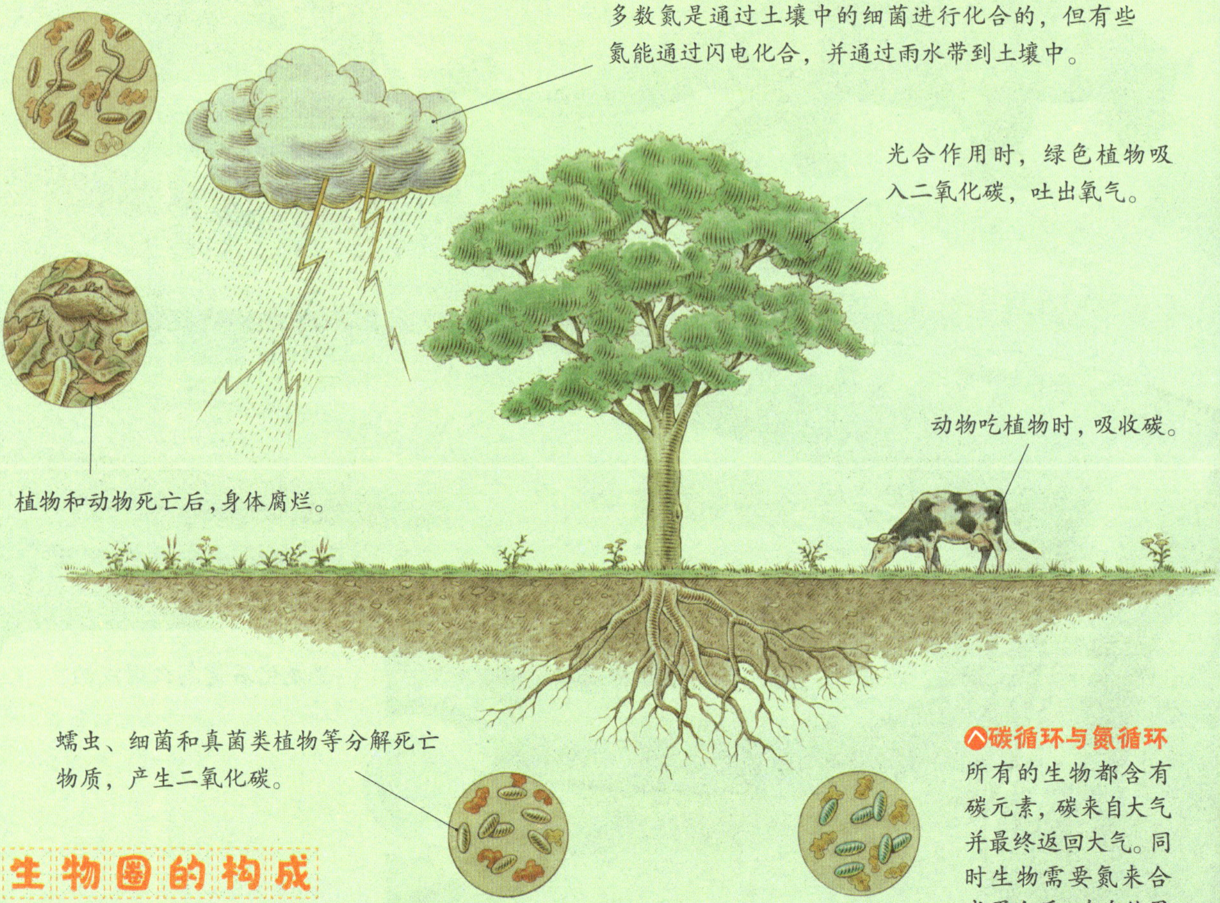

碳循环与氮循环

所有的生物都含有碳元素，碳来自大气并最终返回大气。同时生物需要氮来合成蛋白质，在自然界中，氮必须不断地循环，以维持生态平衡。

生物圈的构成

植物或动物个体生活在一起叫种群，若干个种群一起构成了群落，若干个群落一起构成了生态系统，拥有相同气候的生态系统组成了生物群落区，地球上所有的生物群落区共同构成了生物圈。

自然界

自然界分为五界：动物、植物、真菌、原核生物和原生生物。动物、植物和大部分真菌是多细胞生物。原核生物和原生生物，包括细菌、藻类等，属于单细胞有机体。

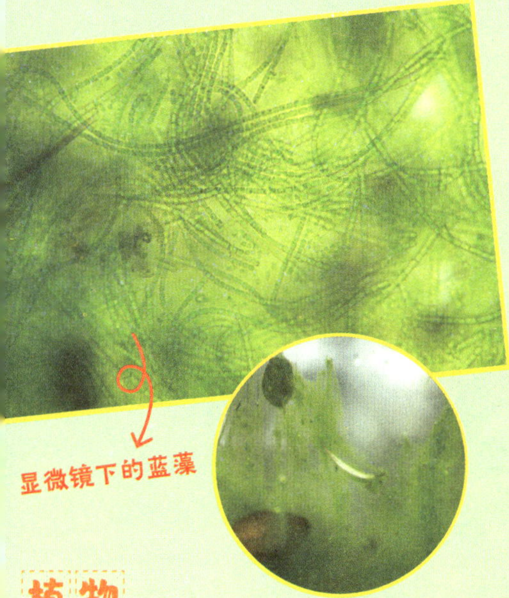

显微镜下的蓝藻

原核生物和原生生物

原核生物是没有细胞核或线粒体的一类单细胞生物。各种原核生物共同构成原核生物界。原核生物界包括细菌和蓝藻等，是地球上最初产生的生物。原生生物介于原核生物和真核高等生物之间，是最原始的真核生物。

植物

植物能利用阳光中的能量，在体内制造自己所需的养分。凡是有空气、阳光和水分的地方，到处都生长着植物。植物提供了所有生物呼吸都需要的氧气。

真菌和地衣

真菌既不是动物，也不是植物。真菌自己不能制造养分，因为它们缺少叶绿素。地衣是由真菌丝和单细胞藻类构成的，能够生长在任何光秃的物体表面上。

动物

从海绵到老虎，无论是简单动物，还是复杂动物，都包括在动物界内。地球上已知的动物共有150万种以上，它们以提取各种有机物和无机物为生。

诞生在中国的奇趣动物

中国“国宝”大熊猫

很多人都喜欢大熊猫，因为它们实在太可爱了，胖嘟嘟的身体，黑白相间的毛色，圆圆的脸上一双黑眼圈像戴了一副墨镜，还有那慢吞吞、一摆一扭的走路姿势，憨态可掬，人见人爱。大熊猫最喜欢吃竹子。每天除去吃饭的时间，多数时间它们都在睡觉。它们睡觉时能摆出各种姿势，特别可爱。

大熊猫是中国特有的动物，对环境要求高，繁殖能力低，目前全世界只有 1500 多只，是中国国家一级保护动物，被称为“国宝”。

猴中“贵族”金丝猴

金丝猴有着和人类相似的五官，不过它的脸是蓝色的，它的眼睛又大又圆，十分灵动。它们没有鼻梁，只有两个朝上的鼻孔，因此又叫“仰鼻猴”。金丝猴有个突出的大嘴巴，嘴唇很薄，吃东西时一抿一抿的，发出“吧嗒吧嗒”声，十分有趣。金丝猴的尾巴特别长，常常高高地翘在身后，像拖着一个大大的“问号”。它们瘦长的身体上覆盖着金灿灿的猴毛，又密又长，像一件华丽的“披风”，为它赢得了“金丝猴”的美名。

金丝猴生活在高山密林之中，家族群居生活，相互关照，一起觅食，一起玩耍。金丝猴妈妈到哪儿都带着猴宝宝，让猴宝宝紧紧搂住自己，不许任何人碰触。金丝猴与大熊猫齐名，也是中国最珍稀的动物之一，需加以特别保护。

“高原精灵”藏羚羊

藏羚羊仅生活在青藏高原上，那里空气稀薄，气候寒冷，人迹罕至，却是藏羚羊的乐园。它们身材矫健，四肢细长，奔跑如飞，被称为“高原精灵”。它们的尾巴又短又尖，不仔细看还以为没尾巴呢。厚密柔软的毛是它们抵御严寒的法宝。雌性藏羚羊没有角，雄性藏羚羊有角。雄性藏羚羊的角又直又长，乌黑发亮，尖端微微弯曲，像两把利刃，这也是它们自我保护的武器。

藏羚羊毛被称作“软黄金”，用其织成的披肩价格昂贵，藏羚羊因此成为偷猎对象，需要我们加以保护。

当有危险逼近时，藏羚羊善用长角和敌人对峙。

“高原之舟”牦牛

牦牛主要生活在高寒的青藏高原，它是世界上生活在海拔最高处的哺乳动物，外形与普通牛相似，但体格更高大，加上身体两侧和四肢都披着迎风飘扬的长毛，更显威风凛凛，帅气十足。它的尾巴很长，很像马尾，因此又叫马尾牛。牦牛四肢粗壮有力，善奔跑，速度赛过摩托车。它的蹄子坚实，上高山下冰河，如履平地，又善于驮运，是高原上重要的交通工具，被称作“高原之舟”。牦牛有两只钢筋般结实威武的犄角，向上弯折，向外张开，是它对抗敌人的有力武器。

美丽的“森林女神”梅花鹿

梅花鹿瓜子形的面孔上长着一对圆溜溜、闪闪发亮的大眼睛，眼神机灵温顺。它的棕色的皮毛上布满白色斑点，就像穿了一件白梅花图案的棕色外衣，格外美丽。它的尾巴又小又短，像个小绒球饰品。它四肢细长，踩着尖小的蹄子，迈着高贵的步子，发出“噔噔”声，像一位穿着高跟鞋的优雅女神。雄性梅花鹿还长着一对漂亮的鹿角，乍一看像两根开叉的树枝，细看又像两件精美的艺术品，让人产生触摸的冲动，但是千万不要去摸，雄性梅花鹿出了名地爱角，碰它的角很容易触怒它，角和蹄子都是它的武器。

“丛林之王”东北虎

西伯利亚虎在中国叫“东北虎”，主要出没在东北原始森林中。东北虎体形巨大，黄色皮毛上布满黑色条纹，额头上也有几条黑色横纹，极像“王”字，有“丛林之王”和“万兽之王”之称。

东北虎力量惊人，迅捷灵活，而且内向安静，喜欢独来独往，行踪隐秘。走路时轻巧流畅，捕猎时常发动突然袭击，四肢猛扑上去，“钢爪”死死按住猎物的身体，锋利的牙齿咬住猎物的颈部，一招制敌。它“嗷呜”的叫声可以响彻山林。

东北虎还有一双深邃锐利的眼睛，视力比人类好很多，所以它常在夜里出来活动觅食。东北虎还会游泳、爬树。

骄傲的飞行家

你想看别具一格的鸟类表演吗？你想和鸟儿合影吗？你想给鸟儿喂食吗？你想知道那些珍稀鸟儿都长什么样吗？新加坡有个“鸟类天堂”一定能够满足你的心愿，不信你看！

金色织布鸟

鸟类建筑专家，所建巢穴入口一般朝下。

美洲红鹮

世界上颜色最红的鸟类。

全球最大的步入式鸟舍之一，没有铁丝网、玻璃墙，可与鸟儿自由互动。

“鸟类天堂”大名：新加坡裕廊飞禽公园

在哪儿：新加坡西部裕廊山坡上

有什么鸟儿：400多个物种、5000多只飞禽

趣味踩点地：森林之宝飞翔鸟舍、东南亚飞禽鸟舍、天鹅湖、彩鹦谷、巨嘴鸟展区、非洲瀑布鸟舍等

厉害之处：东南亚最壮观的“鸟类天堂”，世界上最大的飞禽公园

特色看点：看鸟儿表演、去飞禽知识馆了解有关鸟儿的知识等

食火鸡

也叫鹤鸵，是世界第三大的鸟类。

金刚鹦鹉

鹦鹉界体形最大、颜色最亮丽的鹦鹉。

美冠鹦鹉

美冠鹦鹉极为聪明，甚至会自己制造和使用工具。

赤颈鹤

世界上最大的鹤类，现存最高的飞行鸟类。

玫瑰色琵鹭

除颈部、背部及胸部，其他部位都呈玫瑰粉色。

珍珠鸡

全身遍布规则的圆形白点，形如珍珠，故名。

维多利亚王冠鸽

世界上最大鸽类中的一种。

东南亚动物的森林派对

印尼极乐鸟

印尼极乐鸟和爪哇鹰雕都是印尼特有的物种。极乐鸟也称天堂鸟。这种鸟，尤其是雄性，有着非常华丽和精致的羽毛，明亮诱人的颜色和长尾巴，使其飞翔时极其华丽优雅。

极乐鸟跳舞时身上的羽毛都会向上展开，华丽的羽毛、绚丽的色彩得以尽情展示。

苏门答腊虎

苏门答腊虎是世界上体形最小的老虎，雄性从头到尾平均体长2.34米，雌性1.98米，仅分布于苏门答腊岛。它长得很有特点，颊毛和胡须比较长，拥有虎类中最暗的皮毛，黑色条纹显著，而且排列间隔很小，这样的外形让它和其他老虎有着明显的区别。如今仅存野生苏门答腊虎400多只，人工养殖的不到300只。

爪哇犀

爪哇居然有犀牛，你一定惊讶到了吧？爪哇犀，也称单角犀牛，因为它只有一个角。爪哇犀不会像其他犀牛那样冲撞靠近它的人或动物，它胆子很小，周围有点儿动静就会逃之夭夭。爪哇犀的数量非常少，是世界上最稀有的哺乳动物之一，现在只在印尼爪哇岛的乌戎库隆国家公园里有50余头。

科莫多巨蜥

在印尼的科莫多国家公园里，生活着世界最大的蜥蜴——科莫多巨蜥。它体长2～3米，都快赶上鳄鱼了。作为食肉巨蜥，科莫多巨蜥以岛上的野猪、鹿、猴子等为食，与苏门答腊虎一样，它也是濒危动物，如今野外仅存不到3000只。

爪哇鹰雕

爪哇鹰雕是印尼特有的物种，生活在爪哇的热带森林。它体长约61厘米，整体呈红褐色，有威风凛凛的羽冠，锋利的喙和爪子，非常凶猛，主要吃鸟类、蜥蜴、狐蝠科及哺乳动物。爪哇鹰雕是最稀有的猛禽之一，现仅存约250只。

婆罗洲猩猩

在印尼苏门答腊岛婆罗洲热带雨林里，生活着独特的婆罗洲猩猩。它的体形仅次于大猩猩，双臂很长，站立时双臂下垂能达到脚踝处，最特别的是它的毛发呈红色，所以也被称为“红毛猩猩”。苏门答腊岛的红毛猩猩完全野生，轻易见不到，但在南加里曼丹的丹戎普廷国家公园，红毛猩猩受到保护，容易亲近人，你能“近距离”接触它，这个公园也是公认的世界上看红毛猩猩最好的地方。

加里曼丹岛飞蛙

你见过生活在树上并且会飞的青蛙吗？在加里曼丹岛和苏门答腊岛的丛林里就有这样奇特的青蛙——加里曼丹岛飞蛙。它们个头儿和一般青蛙差不多，但它们生活在高高的树梢上，脚趾上有蹼，张开可达20平方厘米，四肢之间还有扁平的皮肤。它们可以在树林间滑翔，一次能滑翔十几米。与别的青蛙不同的是，它们把卵产在水边的树上，在卵孵化前还会进行保护，卵孵化后，蝌蚪落入水中，长成飞蛙。

我们来自马来西亚

“国鸟”马来犀鸟

犀鸟长得实在是太特别了，嘴巴的长度占了身长的 1/3 甚至一半，头上还有一个铜盔状的突起——盔突，就好像犀牛角一样，它们也因此得名。在马来西亚有很多种犀鸟，盔犀鸟、白冠犀鸟、双角犀鸟、皱盔犀鸟等，但是最艳丽的要数马来犀鸟，它的鸟喙和盔突是红色和橙色的，非常有辨识度，也是马来西亚的“国鸟”。

爱吃蜂蜜的马来熊

在你的印象中，熊是不是又高大又威猛？但是马来熊可不是这样的。它是世界上体形最小的熊，哪怕长大了也只有一米多高，就像十几岁的人类小孩儿。它有一条非常长的舌头，有 20 多厘米长，非常喜欢偷吃蜂蜜，因此也被称为“蜂蜜熊”。它只要看到蜂窝，不管多么危险都会不顾一切地弄到蜂蜜，是不是特别像贪吃的小孩儿呢？

“五不像”马来貘

看到马来貘时，你一定会被它的样子逗笑，实在是太奇特有趣了。它的鼻子像大象，耳朵、后腿像犀牛，身子像熊，脚像老虎，全身毛色黑白相间，一副呆头呆脑的样子，因此也被称为“五不像”。虽然样子很怪，但它却以植物为食，主要吃竹子，也吃树枝和树叶，而且胆子很小，周围一有点儿风吹草动，就会逃跑、躲藏起来。

世界第二小的老虎——马来虎

虽然马来虎是世界上现存的体形第二小的老虎，仅次于最小的苏门答腊虎，但身长也有 2.5 米左右，体重和非洲雄狮相当。除了

体形略小，它最大的特点是身上的条纹间隔比其他老虎更窄更细。对于马来西亚来说，马来虎的重要性不言而喻，它出现在马来西亚国徽上，已成为国家的象征之一。作为森林之王，马来虎的领地很大，在雨林的分布密度不高，大概每 100 平方千米才有 1～2 只，是非常难遇的。

披着“猫”衣的马来麝猫

你可别被麝猫的名字欺骗了，它虽然叫“猫”，但它可不是猫咪的一种，而是长得像猫咪的猫科动物，而且与猫不一样，它鼻端较长甚至是尖的，有点儿像水獭或貘，会释放出麝香物质，因此而得名。马来麝猫是麝猫的一种，在马来西亚很常见，于 1972 年开始受到马来西亚《野生动物保护法》的保护。

有着长鼻子的长鼻猴

长鼻猴因长着长长的鼻子而得名，随着年龄增长，雄性长鼻猴的鼻子会越来越大，最终长成形似茄子的红色大鼻子，雌性则相对正常。它们喜欢群居，离群后会郁郁寡欢甚至绝食。每天早晨，它们喜欢先发会儿呆再跟家族成员一起出门觅食。它们喜欢吃红树果实，对环境很敏感，喜欢在远离人群的地方生活。

世界上最贵的咖啡——麝香猫咖啡

虽然麝猫是杂食性动物，主要以鼠类、爬虫类及昆虫为食，但它们也非常喜欢吃咖啡豆。它们排泄出的咖啡豆，由于经过胃的发酵，别有一番滋味，经过加工后就成为世界上最贵的咖啡——麝香猫咖啡，也就是猫屎咖啡。不过麝香猫咖啡的原产地却是印度尼西亚。

印度动物城巡礼

“国鸟”蓝孔雀

全世界共有 3 种孔雀：蓝孔雀、绿孔雀及刚果孔雀。分布于印度的孔雀属于蓝孔雀，又叫印度孔雀。印度人十分喜爱蓝孔雀，将其定为国鸟，印度的寺庙、庭院、公园等地随处可见它们美丽的身影，也随时能听到它们高亢的鸣叫声。印度史上最为辉煌的孔雀王朝便是由一支号称孔雀族的强大部落建立的。

“最帅的鹿”泽鹿

在印度，人们除了可以看到孟加拉虎，还可以看到一种特别稀有的动物——泽鹿，也叫印度泽鹿、沼鹿。它栖息在恒河流域中部的开阔森林和草原中，与梅花鹿相似，它矫健敏捷，雄鹿更是有着漂亮的鹿角和长长的体毛，显得高大、帅气。印度坎哈国家公园最伟大的动物保护成就之一，就是让几近灭绝的泽鹿数量上升到了四五百只。

“独行侠”孟加拉虎

孟加拉虎，也称印度虎。它是世界上数量最多、分布最广的老虎，个头儿比东北虎小一点儿，但是非常威风，披着一身金灿灿的毛，头部和身上的条纹十分漂亮。不过它可是一个“独行侠”，经常单独活动，没有固定巢穴，只有在繁殖季节才会和别的老虎一起生活。世界上拥有老虎最多的国家是印度，野生孟加拉虎的数量约有三四千头。

印度眼镜蛇

眼镜蛇是十大毒蛇之一，印度眼镜蛇是眼镜蛇的一种，一般长度在 1.4～1.6 米。印度眼镜蛇之所以被人们熟知，是因为它是印度街头重要的“卖艺者”，很多印度人将它当作自己的“玩伴”，他们细心喂养、训练印度眼镜蛇，印度街头到处可以看到玩蛇人的身影，令人惊奇。

最大的鳄鱼——恒河鳄

恒河鳄栖息于印度北部的江河中，是世界上最大的鳄鱼之一。它的上、下腭特别细长，体长平均达到 4 米，有些则更大。那巨大的体形，尖锐的牙齿，确实会让人感到害怕，不过你也不用太过紧张，一般情况下它并不主动攻击人类。

印度黑羚

在印度开阔的平原和稀树草原上，生存着一种生性机警、善于奔跑并连续跳跃的羚羊——印度黑羚。雌性印度黑羚多为黄褐色，雄性则呈黑褐色，随着年龄增长最终会变成几近黑色，但它们的腹部可是白色的，是经典的“黑白配”，显得特别高贵、典雅。最引人注目的是雄性印度黑羚那“V”字形的长角，长 45.6 ~ 68.5 厘米，最长可达 71 厘米，呈螺旋状上升，一般能旋转 3 ~ 5 圈，既壮观又漂亮。

印度犀

印度犀是世界上体形最大的单角犀牛，体重有1800 ~ 3000多千克，难怪它们一顿饭就要吃掉约25千克重的植物。别看它们体形庞大，它们奔跑起来一秒钟可跑十多米呢，称得上健步如飞。印度犀视力不太好，听觉和嗅觉却十分敏锐。它们的皮肤又灰又硬，身上有很多褶皱和圆头状的小鼓包，像披着一件厚重的铠甲。你一定觉得它们不怕蚊虫叮咬吧？实际上这些褶皱之间的皮肤很细嫩，蚊虫专门叮咬这些地方，所以印度犀喜欢通过洗泥浴来消灭身上的蚊虫。

基因突变的黑豹

黑豹可不是黑色的美洲豹，它是豹子因基因突变导致黑色素生成过量，从而使其毛色呈现出黑色。如果离得近一些，你还能看到黑豹身上的斑纹。在印度，至少有 5 个野生动物保护区内能看到黑豹。

黑豹性情孤独，习惯夜间活动，既能爬树，也会游泳。

大洋洲的超酷生物

在七大洲中，大洋洲的动物最不寻常。由于和其他大陆分隔已达几千万年，大洋洲成了很多稀奇古怪动物的家园，很多动物是其他地方所没有的，有些动物仍保留着史前动物的习性。

擅长奔跑的鸸鹋

鸸鹋是澳大利亚的特有动物之一，澳大利亚国徽上就有它的身影。鸸鹋是世界上最古老的鸟种之一，有点儿像鸵鸟，也被称作“澳洲鸵鸟”。成年鸸鹋最高可达 2 米，体重可达 45 千克。鸸鹋的翅膀已经退化，它无法飞翔，却十分擅长奔跑，跑起来时速能达 50 千米。

一蹦一跳的袋鼠

袋鼠也是澳大利亚的象征。澳大利亚的袋鼠有 50 多种，最大的是红袋鼠，站立时身高可达 2 米，快速跳跃的时候时速在 50 千米以上。袋鼠前肢短小，后肢长而健壮，也会像人一样双腿直立。袋鼠的尾巴又粗又长，肌肉丰富，力量十足，在跳跃过程中用来保持平衡。休息时，尾巴可撑于地面，像第三条腿一样充当支架使身体更加稳定，在进攻与防卫时尾巴还可以独自支撑身体。

萌萌的考拉

考拉就是树袋熊、无尾熊，虽然名字里有个“熊”字，但它可不是熊。考拉身体胖胖的，双眼炯炯有神，两只圆耳朵毛茸茸的，像个可爱的玩具熊。考拉性情温顺，一天中大部分时间都在树上呼呼大睡。考拉最喜欢桉树，并以桉树叶为食。成年考拉体长 60～70 厘米，雌考拉的腹部也有育儿袋。由于生存环境被破坏，考拉正面临着灭绝的危险。

“我是一只几维鸟”

几维鸟是新西兰独有的鸟，又名奇异鸟。几维鸟的羽毛细软蓬松，身体浑圆，大小犹如母鸡，有一个细长的喙，可以深入泥土中寻找食物。它的翅膀已经退化，所以不能飞。它的力量十分惊人，一脚能将同类踢出1.5米开外。几维鸟嗅觉灵敏，夜视能力强，所以通常白天在洞穴中睡觉，晚上出来觅食。新西兰的钱币、邮票上都有几维鸟的图案。新西兰人也常以几维鸟自称。

长相奇特的鸭嘴兽

通常情况下，哺乳动物是不会下蛋的，但生活在澳大利亚的鸭嘴兽这种原始而奇特的哺乳动物竟然会下蛋。鸭嘴兽有像鸭嘴一样坚硬、宽扁的喙，水獭一般的皮毛，河狸一样的尾巴，身形矮胖，脚上有蹼，因而在水中十分灵活，多生活在靠近河岸边的洞穴中，以鱼虾、水生昆虫、小型无脊椎动物等为食。它们也可在陆地上爬行，是科学家研究动物进化的活标本。

刺猬一般的针鼹

针鼹和鸭嘴兽是地球上仅存的两种卵生哺乳动物。针鼹看起来很像刺猬，全身长着尖锐的硬刺，但和刺猬有着很大的区别。针鼹虽是卵生哺乳动物，但也有育儿袋，幼崽要在育儿袋中吮吸乳汁才能长大。针鼹的嘴巴很小，里面没有牙齿，有着很长的像蚯蚓一般的舌头，表面很黏且伸缩自如，可用来捕食蚂蚁等昆虫，故也被称为“刺食蚁兽”。针鼹在澳大利亚大陆、塔斯马尼亚岛及新几内亚岛都有分布。

有袋类动物

有袋类动物是大洋洲典型的哺乳动物，目前已发现的有袋类动物中有140多种生活在澳大利亚大陆及周围岛屿上。有袋类动物最典型的特征是母体的腹部有个哺育幼崽的育儿袋，幼崽一出生就会爬进育儿袋中，随后在育儿袋中生长发育。除袋鼠、考拉外，澳大利亚还有袋食蚁兽、帚尾袋貂、毛鼻袋熊、袋獾、扁头袋鼬等有袋类动物，目前袋虎、袋狼等已经灭绝。

欧洲大陆上的动物

欧洲大陆上有许多有趣的或可爱或威猛的动物，有在地里到处挖洞的小鼹鼠，传说中拉着圣诞老人雪橇的驯鹿，敏捷又有力量的“猎手”猞猁，能与狼搏斗的金雕……让我们一起看看它们的模样吧。

强壮的欧洲野牛

早在 3 万年前，生活在欧洲的原始人就用木炭画出了欧洲野牛的形象。欧洲野牛是欧洲最大的原生食草动物，身体强壮，重达 900 千克，两只牛角粗大而尖锐，加速冲刺时可快速顶向敌人，让猛兽们不敢轻易靠近。欧洲野牛级重型气垫登陆舰就是以它的名字命名的。

法国肖维岩洞 3 万年前的野牛岩画

臭臭的狐狸

狐狸能分泌一种闻上去令其他动物近乎窒息的臭味。它们用这种气味来标记领地，并通过同类留下的气味识别对方的性别、地位等级和确切的位置。这种臭味还是它们遇到强敌时逃命的秘密武器。在世界上很多地方都能见到狐狸，欧洲是狐狸的重要栖息地之一。

曾经备受崇拜的野猪

欧洲的凯尔特人一度特别崇拜野猪，认为它们是力量、胆量和智慧的象征，是战士的符号。其实野猪的智商并没有人们想象的那么低。第一次世界大战期间，德国人发动毒气战，造成许多人和动物死亡，但野猪把长嘴拱进土中，呼吸毒素被土壤净化了的空气而安然无恙。科学家受此启发，发明了“猪嘴形”防毒面具。

爱挖洞的鼹鼠

身形矮胖的鼹鼠体长 10 厘米左右，它的前肢十分强壮，是挖洞的利器。鼹鼠在欧洲很常见，它们通常在地下吃蚯蚓等虫子，而在地面上爬行的鼹鼠看上去像在四处乱逛，有时又是一副忙忙碌碌的样子，非常滑稽。

有“千里眼”的金雕

金雕因眼睛的视网膜上有众多的感光细胞，所以在数百米之外就能精确地确定猎物的所在，而这样的距离，人类需要借助望远镜才能看清楚。金雕体长可达 1 米，翼展可达 2 米，鹰嘴和爪子锋利而有力量，除了可用于捕猎，还能与狼搏斗且不落下风。

濒危稀有的猞猁

今日的欧洲大陆上早已不见了狮、虎的身影，因为欧洲狮已经灭绝了，猞猁成了欧洲最大的猫科动物。但它们的命运非常坎坷，因为耳朵上的两撮黑毛长得像欧洲传说中魔鬼耳朵上的毛，曾被欧洲人认为是魔鬼的化身而遭到大肆捕杀。猞猁现在已是欧洲濒临灭绝的物种了。

拉着圣诞老人雪橇的驯鹿

在欧洲，可爱的驯鹿因为传说中拉着圣诞老人到千家万户送礼物的形象而广为人知。现实中，驯鹿主要生活在北欧的寒冷地带，它们有着厚厚的皮毛和树杈般的鹿角。驯鹿的角每年冬天都会脱落，下一年的夏天再长出分叉更多的角。

俄罗斯彪悍动物来袭

俄罗斯广袤的大森林里栖息着各种各样的动物，有些动物不仅彪悍凶猛，而且在俄罗斯境内的数量也较多。我们来看看都是些什么动物吧。

棕熊

棕熊宝宝的模样很可爱，泰迪熊的形象就是设计师根据棕熊宝宝的模样设计出来的。棕熊宝宝喜欢直立行走，喜欢在林间嬉戏、打闹。成年后的棕熊体形高大，身体强壮，攻击力极强，喜欢独来独往。棕熊的前臂十分有力，挥击时足以击碎野牛的脊背。虽然棕熊平时走路慢悠悠的，但追赶猎物时却跑得很快。棕熊的嗅觉灵敏度是猎犬的7倍，它能闻到几千米外的腐肉味道，视力也特别好，能在湍急的河水中捕鱼。棕熊还很擅长游泳和爬树，只是动作不怎么灵活。

别以为我笨拙，我跑起来很快的！

阿穆尔虎

阿穆尔虎在中国被称为东北虎，是现存最大的猫科动物之一。阿穆尔虎只吃肉，是凶猛无比的“超级食肉动物”，坚硬锋利的犬齿和可收缩的钩爪是它们捕猎的有力武器。它们拥有巨大的体形和惊人的力量，背部的肌肉会在运动中起伏，善于游泳，行走时平稳而安静，能悄无声息地靠近猎物。阿穆尔虎目光炯炯，夜视能力非常强。它们喜寒厌热，昼伏夜出，而且生性内向、多疑，在森林中行踪不定，很难被发现。

雪鸮

看过《哈利·波特》的人都知道雪鸮海德薇，因为它是哈利最心爱的宠物。雪鸮是一种大型猫头鹰，生活在北极冰原上，冬天会向南迁徙。它们浑身覆盖着雪白的羽毛，上面布满黑色的斑纹，看起来很可爱。但实际上雪鸮却是一种猛禽，它们视力极佳，可以观察到极远处的小物体，听力也非常灵敏，能捕捉到厚重积雪下的猎物。主要的捕食对象是旅鼠，偶尔也会捕食野兔、鸥和鸭等。雪鸮常会将小猎物整个吞下，18～24 小时后再将不能消化的部分吐出。

远东豹

远东豹在中国也称东北豹，与东北虎有很多相似之处，比如体形和力气都很大，都有锋利的犬齿和可伸缩的钩爪，非常凶猛，夜视能力都很强，且都昼伏夜出，独居生活，等等。不同之处是，东北虎只吃肉，而远东豹有时会采食树上有甜味的浆果；东北虎善于游泳，不喜欢爬树，而远东豹则正好相反，不喜欢游泳，却善于爬树。远东豹常将猎物拖到树上享用，吃不完就挂在树上，之后再回来慢慢吃掉。

狼

俄罗斯的狼是标准的“大灰狼”，体形大，皮毛灰暗粗糙，背部与腿强健有力，奔跑速度极快且耐力很好。它们在追逐猎物时，速度能达到每小时 65 千米，冲刺时每一步的距离长达 5 米，是有名的捕猎能手。狼的智力很高，彼此间可通过叫声沟通，喜欢群居，狼群通常由一对最为强壮的公狼和母狼领导，集体捕杀大型猎物，是一种以肉食为主的杂食性动物，偶尔也吃青草、嫩芽和浆果。

惊奇地中海

地中海不仅是世界上最大的陆间海，还是世界上最古老的海。在这片独特而又古老的海域中生活着许多有趣的动物。

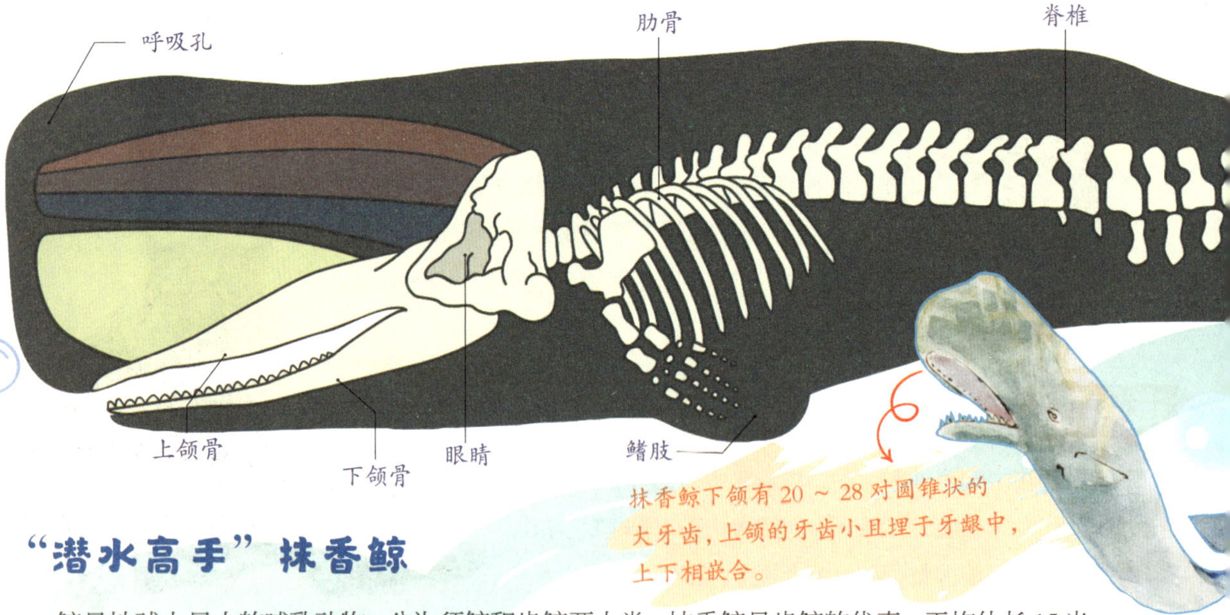

抹香鲸下颌有 20 ~ 28 对圆锥状的大牙齿，上颌的牙齿小且埋于牙龈中，上下相嵌合。

“潜水高手”抹香鲸

鲸是地球上最大的哺乳动物，分为须鲸和齿鲸两大类。抹香鲸是齿鲸的代表，平均体长 15 米，平均体重 40 吨，因为头大得出奇，相较之下嘴巴却很小，看起来极不成比例，所以很好辨认。当然，这样的大脑袋并不是随便长的，它里面有比其他鲸类多得多的脑油体，有助于它们潜到深海中捕食自己喜欢的食物——大型章鱼和乌贼。最奇特的是，抹香鲸的肠道里会形成蜡状物质，这种物质就是珍贵的“龙涎香”，多用来制作名贵香水，抹香鲸也因此得名。

“游泳健将”蓝鳍金枪鱼

你听说过鱼会窒息吗？金枪鱼从出生的那一刻起就需要不停地游泳，否则就会窒息而亡。蓝鳍金枪鱼是金枪鱼的一种，生活在深海中，体长大多 1 ~ 3 米，体形就像一个大纺锤，非常粗壮。

它们的游速很快，每小时可达 72.5 千米，不到 60 天就可以穿越大西洋。蓝鳍金枪鱼肉质紧致鲜美，是刺身的顶级食材之一，因此又有“鱼中蓝钻”“刺身之王”等美誉。

背着“房子”的寄居蟹

寄居蟹长相奇特，既像虾，又像螃蟹。这种蟹最大的特点就是“居住”在完全符合自己身体大小的螺壳内，并随着身体的成长不断更换“住房”。在选择“房子”时，它们会先用自己的螯丈量一下空螺壳，选到合适的螺壳后才将腹部放入其中。当受到威胁时，它们会快速缩入螺壳内，并用坚硬的螯挡住螺壳口，借此来保护自己。

寄居蟹的腹部很柔软，便于蜷曲在螺壳中。

会“生孩子”的海马爸爸

海马的长相很奇特，脑袋像马，嘴巴像一根长管，胸腹部凸出，有着长而弯曲的尾巴，身长只有 5 ~ 30 厘米。它们不擅长游泳，而是经常用长长的尾巴紧紧钩住珊瑚的枝节或海藻的叶片以保持“站立”。最为人们津津乐道的是，海马是目前已知的唯一一种雄性“生孩子”的动物。因为海马爸爸的尾部有一个育儿袋，海马妈妈把卵产到育儿袋里，海马爸爸用 10 天左右的时间就能将小海马孵化出来。

海马在水中直立游泳，泳姿很美，但速度相当慢。

地中海的“和尚”僧海豹

海豹大多生活在寒冷的海域中，但僧海豹却喜欢温暖的水域，于是地中海就成了它们理想的家园。僧海豹古老而稀有，头部非常圆，并且长有一层密密的短毛，看起来很像和尚的脑袋，因此而得名。

僧海豹是海豹中体形最大的一种，最大的体长有 2.78 米，重达 300 多千克，都快赶上一头牛了。僧海豹对人类很友好，遇到游泳的人时，就会好奇地游过来盯着看。可惜它们的数量十分稀少，目前地中海仅有约 500 只。

灯泡海鞘可真像植物

地中海里还有一种神奇的动物，在远处看起来就像个灯泡，因此人们叫它灯泡海鞘。乍一看，它们就像海底的植物，但透过它们身上黄色或白色的线条，我们可以看到其内部器官在活动。灯泡海鞘身上插着许多“管子”，那是它们的捕食工具，每根管子上有两个开口，一个进水，另一个出水，在这一进一出中，海水里的微生物就被过滤出来成为它们的食物。如果遇到危险，灯泡海鞘就会将“管子”中的水喷出来，以吓退敌人。

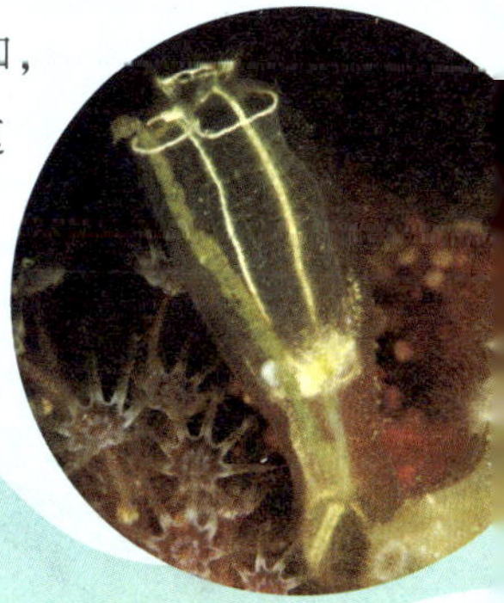

吓人的“塑料海洋”

全球海域或多或少都遭受着塑料污染的侵袭。欧洲作为全球最大的塑料生产地之一，每年都将大量的塑料垃圾排放至地中海中，海洋动物常常将塑料垃圾当成食物误吞，因此给它们的生命带来了致命的伤害。减少使用塑料制品，完善垃圾回收制度，保护海洋环境，刻不容缓！

神奇动植物在非洲

指猴最喜欢吃树皮下或枯树上的虫卵、幼虫、小甲虫。

“树木医生”指猴

指猴可不是像手指那么大，它的体长约 45 厘米，尾长 50 ~ 60 厘米，因指长而得名，尤其是中指，像铁丝一般细长，用以敲击树皮并取食树皮下的幼虫。指猴为马达加斯加所独有，是最大的夜行性灵长类动物。它体毛粗长，四肢短小，长长的尾巴像一把大扫帚，长着一对大耳朵，一双黄色的瞪视眼在夜里发着幽幽的黄光，令人心生畏惧。指猴不仅形象怪异，而且叫声凄厉，像哭一样，因此被当地人看作不祥之物，见之便杀，加上雨林等栖息地不断减少，指猴已濒临灭绝。

“太阳崇拜者”环尾狐猴

马达加斯加岛上生活着一种很特别的狐猴，因尾巴上的条纹呈环状而被称作环尾狐猴。环尾狐猴一般体长 39 ~ 46 厘米，尾长 56 ~ 63 厘米，平均体重约 2.2 千克。每当太阳升起的时候，它们喜欢向阳而坐，摊开四肢，仰起头，享受日光浴，让阳光照在胸前和腹部的每一寸皮毛上。因此，环尾狐猴享有“太阳崇拜者”的称号。环尾狐猴性情比较温和，喜欢团体活动。

国王变色龙

变色龙的肤色会随着周围环境、温度和自己心情的改变而发生变化，它也因此得名。世界上目前已确认的变色龙约有 90 种，其中近一半生活在马达加斯加岛上，多数还是马达加斯加岛所独有的。其中，国王变色龙是世界上最大的变色龙，体长可达 70 厘米。雄性国王变色龙体形比雌性大一些，身体的颜色也更亮丽，鼻子两边各有一块骨质的突出物，而雌性则没有。国王变色龙的舌头力量大得惊人，可以弹出几乎相当于身体 2 倍的长度以粘捕猎物。

色彩艳丽的国王变色龙

猪笼草

你知道什么植物“吃肉”吗？在马达加斯加有两种当地所独有的猪笼草，都是捕食昆虫的高手。猪笼草叶子顶端的长须下长着瓶子形状的捕虫笼，笼子底部是饱含酶和酸的“死亡之池”，笼子上面还有盖子，盖子下方有蜜腺。昆虫飞来吸蜜时，会滑落到“死亡之池”中，然后被池中的液体分解，从而变成猪笼草赖以生存的营养物质。

猴面包树

猴面包树的树冠巨大，树杈千奇百怪，形状很像树根。在马达加斯加岛的一条土路两旁，生长着成片的猴面包树。目前猴面包树在很多地方已经灭绝，能在一条土路旁聚集起这么多的“幸存者”，确实令人难以置信。高大粗壮的树干矗立在土路两边，像雄伟的古罗马圆柱一样。猴面包树大道在傍晚或星空下，显得更加神奇，仿佛童话世界一般。

马达加斯加番茄蛙

正如名字所蕴含的色彩一样，马达加斯加番茄蛙有着橘红色的皮肤。这是一种雌性比雄性大很多的蛙类，雄蛙体长一般为6～6.5厘米，雌蛙为9～9.5厘米。番茄蛙虽然看上去颜色鲜艳，但体内并没有毒，遇到危险时，会像蟾蜍一样将身体鼓胀起来吓唬敌人。

长颈象鼻虫

在马达加斯加岛上有一种奇特的昆虫，名叫长颈象鼻虫。它们和长颈鹿一样，拥有长长的脖子。雄性长颈象鼻虫的脖子长达2.5厘米，超过了体长的2/3。它们的长脖子不仅可以用来构建巢穴，还可以当作武器。长颈象鼻虫身体上有红色的甲壳，翅膀隐藏在甲壳中，很少展露出来。

黑与红的颜色搭配，令长颈象鼻虫看上去很美。

你好！野生动物朋友

彩虹飞蜥

肯尼亚有一种变色蜥蜴，身长大概相当于两根筷子接起来那么长。夜晚，它们的身体是灰色的。白天，随着体温升高，身体就会呈现出非常鲜艳的色彩，因此得了“彩虹飞蜥”的美名。白天，雄性彩虹飞蜥的头部呈明亮的橙色或红色，身体和尾巴则为显眼的紫红色或蓝色，身体两侧还有黄色的斑点，而雌性彩虹飞蜥的身体则是黄绿色的。

穿条纹衫的动物：斑马

斑马是群居动物，一个群体通常有1只雄性，1～6只雌性。雄性斑马靠不断赢得其他雄性的挑战，维持在族群中的统治地位，败者会被驱离，从而使种群最强基因得以传承。你知道吗，看似相貌一样的斑马，它们的斑纹其实和人的指纹一样，各不相同。

长寿之星：肯尼亚鼹鼠

第一眼看到肯尼亚鼹鼠，你一定会被惊到：这是鼹鼠吗？怎么这么丑！它们非常小，粉红的皮肤皱巴巴的，就像出生不久的小老鼠，两对与身体不成比例的大门牙长在嘴巴前面，是它们挖洞掘土的工具。肯尼亚鼹鼠的寿命可达30岁，是其他鼠类的10倍。

优雅迷人的动物：火烈鸟

火烈鸟又叫红鹳，它们有着修长的脖颈和双腿，气质高雅，因羽毛上鲜亮的红色十分艳丽而深受人们喜爱。肯尼亚有一处“火烈鸟天堂”，全球几乎1/3的火烈鸟都汇聚在此处，它就是位于东非大裂谷里的博格利亚湖。每年的1月至4月，上百万只火烈鸟齐聚在这里，密密麻麻的火烈鸟站满了湖面，湖水像是被一张巨大的红色毛毯覆盖着，映衬在纯净蔚蓝的天空下，美丽极了。

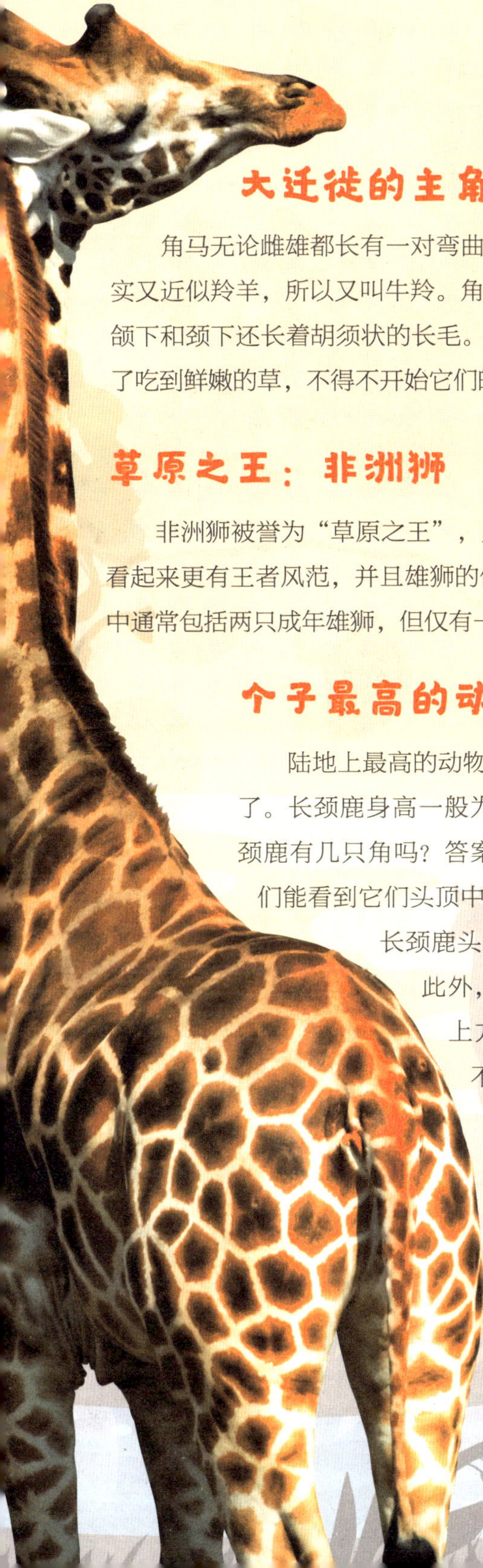

大迁徙的主角：角马

角马无论雌雄都长有一对弯曲的长角，看起来像牛一样，但身体结实又近似羚羊，所以又叫牛羚。角马有飘垂的鬃毛和长而成簇的尾巴，颌下和颈下还长着胡须状的长毛。每年的 7 月至 9 月，上百万只角马为了吃到鲜嫩的草，不得不开始它们的迁徙之旅。

草原之王：非洲狮

非洲狮被誉为“草原之王”，勇不可当，威震四方。雄狮有着雌狮所没有的长长鬃毛，看起来更有王者风范，并且雄狮的体形普遍要大于雌狮。一个非洲狮群约有 8 ~ 30 只非洲狮，其中通常包括两只成年雄狮，但仅有一只是领头的，负责带领若干只成年雌狮和幼狮。

个子最高的动物：长颈鹿

陆地上最高的动物，一定非长颈鹿莫属了。长颈鹿身高一般为 4 ~ 6 米。你知道长颈鹿有几只角吗？答案是 6 ~ 7 只。通常我们能看到它们头顶中间有一对短角，雄性长颈鹿头额中央还有一只角。此外，它们的眼睛和耳朵上方还各有一对角，但不是很明显。虽然长颈鹿的脖子很长，但它与人一样，也仅有 7 节颈椎，只不过每节比较长罢了。由于腿部过长，长颈鹿喝水的姿势看起来十分有趣。

最大的羚羊：非洲大羚羊

你见过比牛和马还要高大的非洲大羚羊吗？非洲大羚羊一般身长 2.8 ~ 3.3 米，肩高 1.72 ~ 1.78 米，最高可达 1.82 米，体重约 600 千克，最重可达 1 吨。它们前额长有黑毛，背上有数条白色细纹，无论雌雄都长着一对长角。别看它们身材雄壮，其实它们性情很温和，还常因身躯笨重不能快速奔跑而被猎杀。

惊心动魄的大迁徙

每年旱季到来时，东非草原上都有一场惊心动魄的大戏上演，那就是东非草原动物大迁徙。

数百万只食草动物，从坦桑尼亚的塞伦盖蒂草原出发，走过茫茫草原，蹚过河流，向着肯尼亚的马赛马拉国家公园进发，再从东南路线返回，往返 1000 多千米。

斑马：向着有草的地方，出发！

每年的 6 月前后，坦桑尼亚的塞伦盖蒂草原就进入了旱季，食物越来越少。斑马最喜欢草茎的顶端部分，因此，它们是最先遇到食物危机的动物。为了找到鲜嫩的青草和充足的水源，穿着条纹衫的斑马们不得不出发了。大约有 30 万只斑马打头阵，一路向前。

斑马：“我们先走一步！尽管前方有危险，但是为了活着，我们只有拼尽全力！”

角马：我们才是迁徙的主角

随后上路的是角马队伍，有超过 150 万只角马踏上迁徙之路。角马因为数量众多而成为迁徙大军的主角，它们紧跟在斑马后面，吃斑马啃食过的草的底部。每年 7 月至 9 月，角马为了鲜嫩的青草，也不得不向远方进发。

如果你以为这对角马来说，只是一次长途旅行，那就错了。在大迁徙中，危机四伏，每年都有约 25 万只角马在迁徙的路上死去。

角马：“你猜猜我到底是牛，还是马？”

瞪羚：年度大戏，我们收官

瞪羚："角马走过之后留下的粪便会滋养土地，使新鲜的嫩草生长出来，一切都是最好的安排啊！"

瞪羚走在迁徙队伍的最后，它们是大迁徙的"压阵官"。每年大约有 50 万只瞪羚参加迁徙，角马走过的地方，会长出新的嫩草，这正是瞪羚最中意的美食。

除了斑马、角马、瞪羚这些大迁徙的主力军外，非洲象也会参与迁徙，甚至刚出生的小象也要在迁徙中小试身手，如果跟不上队伍，就会惨遭淘汰。大自然在此时表现出它无情的一面。

参与迁徙的还有被称为"非洲草原上的芭蕾舞者"的猫鼬，它们长得很有喜感，个性古怪精灵。如果食物匮乏，它们一年中就要迁徙不止一次了。

被非洲豹追逐的瞪羚

冷酷的杀手

在迁徙的路上埋伏着很多杀手。比如非洲豹和非洲狮，它们常常潜伏在深深的草丛中，当斑马、角马们安静地吃草时，它们便伺机而动，经常是百发百中。最有心机的要数水中的鳄鱼了，它们潜伏在水里，当斑马、角马们跃入水中时，鳄鱼们便会出其不意地张大嘴巴，一口下去，就能把猎物咬得死死的。

猫鼬

新生命，新希望

食草动物们像割草机一样，一寸寸地啃食着草原上的青草。然而，生命循环往复，草原以它强大的生命力养活了几百万只食草动物。尽管很多动物会在大迁徙的途中死去，但依然会有新生的斑马和角马出现在返程途中。优胜劣汰的故事每年都在重复上演，但大自然的生生不息，也总会带来新的希望。

北美洲奇趣动物

深藏不露的“国宝”河狸

河狸是加拿大的国宝。深藏不露的河狸到底是凭借什么成为一国之宝的呢？首先，河狸成就了加拿大这个国家，正是当初欧洲人与印第安人之间的河狸皮毛贸易，才吸引了早期欧洲移民大量涌入加拿大。其次，因为河狸善于游泳而在陆地上却很笨拙，所以它们会用树枝、石块和软泥垒成堤坝，挡住溪流，把水蓄成池塘，甚至湖泊，然后巧妙地把巢穴洞口建在水下，是名副其实的大自然的建筑师。加拿大人认为河狸是一种能通过改变环境来维持生存的“智慧而高贵”的动物，因此对它喜爱有加。

霸气的“大猫”加拿大猞猁

蹲坐在地上的加拿大猞猁看起来就像一只大猫，而实际上它却十分凶猛。它有着发达的肌肉，四肢很长，后腿比前腿更长，与普通猫的体形比例完全不同，还有四只跟人的手掌一样大的大脚，就像粗壮矫健的长腿上穿了四只雪地靴，既不容易陷进雪里，又有利于灵活地捕捉猎物。与长长的身体形成鲜明对比的是不及身长四分之一的短尾巴，给它们霸气的形象增添了一丝呆萌。

可爱的北美驯鹿

北美驯鹿生活在北极地区，是一种体形矮而粗壮的驯鹿。它们善于奔跑，性情温顺，很适合拉运货物，所以很早之前人类就开始驯养北美驯鹿。与其他鹿类不同的是，雄性和雌性北美驯鹿都会长角，且雄性北美驯鹿的鹿角宽阔舒展，看起来威风十足。由于它们的鹿皮和鹿角非常昂贵，这就给它们惹来了杀身之祸。20 世纪，人们大肆捕杀北美驯鹿，使得这种曾经在北美洲地区数量最多的大型食草动物现在已经十分稀有，处于濒危状态了。

“北美神鸟”白头海雕

如果说哪一种动物最能代表美国，那一定是白头海雕。白头海雕是北美特有的大型猛禽，成年海雕体长可达 1 米，双翅展开有 2 米多长，白头褐身，配以淡黄色的眼、嘴和脚，非常威武美丽。它目光敏锐，擅长飞翔，常常凌空盘旋，放眼四野，十分自在神气。这些特点让它成为北美洲的“神鸟”，美国人民也十分喜爱它，把它看成自由的象征，定其为“国鸟”，在美国国徽、美国军队的军服上都能看到它的身影。

酷酷的美洲野牛

美洲野牛在史前时代就生活在北美大地，是北美最大的陆地动物，有成年人那么高，重量超过 1 吨，样子有点儿像家养的奶牛，但是肩部长满了长而蓬松的粗毛，并沿着头部、颈部、肩部和前肢覆盖全身。美洲野牛虽然体形庞大，但速度却非常快，奔跑起来每小时可达 64 千米，都快赶上一般汽车的时速了。历史上由于欧洲移民的到来，美洲野牛曾遭受惊人的猎杀，数量锐减，直到被列为珍稀动物保护起来，人们才又在北美草原看到它们的身影。2016 年，美洲野牛被正式确定为美国“国兽”。

“挖洞高手”美国短吻鳄

美国短吻鳄也叫密西西比鳄，是美国所特有的动物，仅在美国东南部和密西西比河流域能见到它的身影。美国短吻鳄是鳄鱼中的“挖洞高手”，它用嘴和脚爪挖泥掘土，用尾巴清扫淤泥，在河岸土堤中挖出一个洞或一条隧道，也可在水塘底部挖一个鳄鱼洞，犹如给沼泽底部翻了土一般，能让植物长得更茂盛。这些鳄鱼洞是沼泽地的重要组成部分。在干燥的季节，鳄鱼洞还可以贮存水分，鱼类、鸟类以及其他动物都喜欢和它做邻居，会一直在鳄鱼洞内待到雨水到来之时。

南美丛林大冒险

南美洲是野生动物爱好者的乐园，不管是热带雨林还是草原、湿地中，都生活着各种各样奇异有趣的动物，很多都是南美洲特有的，让我们一起来认识一下吧。

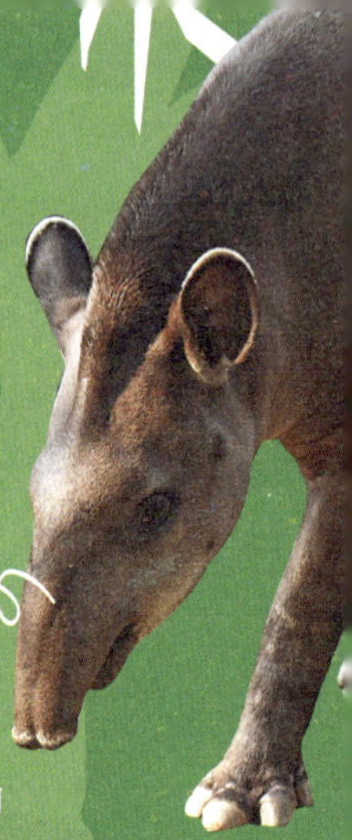

南美貘体长1.7～2.1米，高0.7～1.1米，体重200～250千克。

“能游善跑的大块头”南美貘

南美貘也叫巴西貘、低地貘，生活在亚马孙雨林及亚马孙盆地近水的地方，既是南美洲最大的野生陆地动物，也是该地区独有的物种。南美貘身体粗壮，最令人称奇的是它的鼻子，虽然没有大象鼻子那么长，但柔软灵活程度一点儿也不逊色，同样可以采摘树叶和果实。南美貘虽然块头大，但不笨拙，还十分擅长游泳，在陆地上也很灵活，哪怕在崎岖的山地上也能奔走自如。

长着尖嘴巴的南美浣熊

南美浣熊的相貌和其他浣熊有所不同，虽然体形和一般浣熊差不多，但皮毛却呈红褐色或灰色，而且头部狭窄细长，面部也没有夸张的黑色眼斑，还长了一个又尖又长的口鼻。南美浣熊十分喜欢在树上生活，会像猴子一样抓住一根树枝跳向另一根树枝。

“雨林顶级掠食者”美洲豹

美洲豹也叫美洲虎，是美洲的大型猫科动物，体形、大小及毛皮色彩均似豹，略比豹肥壮。美洲豹是热带雨林中的顶级猎食者，捕猎本领高超，还会游泳，可猎食各种各样的动物，是热带雨林中大多数动物的共同天敌，在调节物种数量、维持生态平衡方面起着十分重要的作用。

无论鱼、鹿，还是野猪、大蛇，都被美洲豹列入了菜单中。

美丽的箭毒蛙

箭毒蛙像热带雨林中美丽的小精灵，它体形很小，通常体长仅1～5厘米，皮肤色彩艳丽，像穿了一件亮丽的彩衣。不过，千万别被它美丽的外表迷惑了，箭毒蛙可是世界上毒性最强的物种之一。箭毒蛙养育宝宝的方式十分特殊，它们先将卵产在水中，一旦长出小蝌蚪，箭毒蛙爸爸就会把这些小蝌蚪背到树上，放到凤梨科植物叶片构造出的“小池塘”中，让小蝌蚪吃下未受精的卵继续成长。

会种蘑菇的切叶蚁

从名字上看，切叶蚁很容易被误认为是一种吃树叶的蚂蚁，然而事实并非如此，它们并不直接吃树叶，而是将树叶切成无数的小碎片后带回蚁穴用于种植小蘑菇，再用小蘑菇喂养幼蚁。成年切叶蚁也不以树叶为食，而是主要吸食碎叶中流出的汁液，这种行为在动物中非常罕见。可见，切叶蚁掌握种植技术。

金刚鹦鹉

金刚鹦鹉是鹦鹉中的“明星”，不仅体形最大，色彩也最艳丽。其中紫蓝金刚鹦鹉是最大的鹦鹉，体长95～100厘米，还是大力士，弯曲的喙能轻松、巧妙地剥开果实的坚硬外壳。虽然是“明星”，但金刚鹦鹉并非高高在上，反而乐于接受人类的训练，和其他鹦鹉也能够友好相处，因而深受人们的喜爱。

亚马孙热带丛林历险记

亚马孙热带雨林闻名世界，然而其广大的覆盖面积和丰富的生物多样性总会让世人觉得它既危险又神秘。确实，热带雨林深处人迹罕至，但那里却是动植物的家园和庇护所，有着无穷无尽的秘密值得人们去探寻。

亚马孙雨林中高大挺拔的树木遮天蔽日。

世界最大的雨林

人们常常把亚马孙雨林等同于亚马孙平原，其实这并不准确。亚马孙雨林从安第斯山脉东坡一直延伸到巴西的大西洋沿岸，面积约 700 万平方千米，比整个欧洲还大，横跨的国家比亚马孙平原多，也就是说亚马孙平原只是亚马孙雨林最主要的一部分。亚马孙雨林是世界上最大的森林，其面积占世界雨林总面积的一半，全球森林总面积的 20%。

“河流之王”亚马孙河

亚马孙河岔流纵横，水深河宽。

从高空俯瞰亚马孙雨林，入眼的除了浓得化不开的绿色，还有如银带般蜿蜒曲折的河流，这就是亚马孙河，世界上水量最大、流域最广、支流最多的河流。亚马孙河发源于安第斯山脉，一路向东注入大西洋，主河道两侧有 1000 多条支流汇入，从地图上看好似一棵枝杈繁多的大树，这些支流所覆盖的面积几乎和整个澳大利亚一样大。亚马孙河的河口年均流量大约相当于长江河口年均流量的 7 倍。

层次丰富的“生命王国”

因地处热带，全年高温多雨，亚马孙热带雨林中的树木长得高大茂盛，从树冠到树下形成了多层次的立体生态系统，通常可分成 4 个基本层：露生层、林冠层、下木层和地被层。4 个层次高低错落、相融相生，在垂直方向上发展出多种不同的环境，种类繁多的动物各自占据着有利的生存空间，彼此协调地生活在一起，充分地利用资源。也难怪亚马孙热带雨林蕴藏着世界上最丰富多样的生物种群，被誉为“生命王国”。

多层次的雨林生态系统示意图

天然“净化器”和天然“制氧厂”

森林被人们形象地称为“地球之肺”，因为树叶吸收二氧化碳进行光合作用的同时，也能产生氧气，是“天然制氧厂”。面积广阔的亚马孙热带雨林就是其中最大的一个，其产生的氧气占全球氧气总量的 1/10。大气中的二氧化碳含量过高是让地球变暖的重要因素，亚马孙雨林能吸收大量的二氧化碳，因此对世界气候起到了很重要的调节作用。

2019 年，亚马孙森林火灾频发。

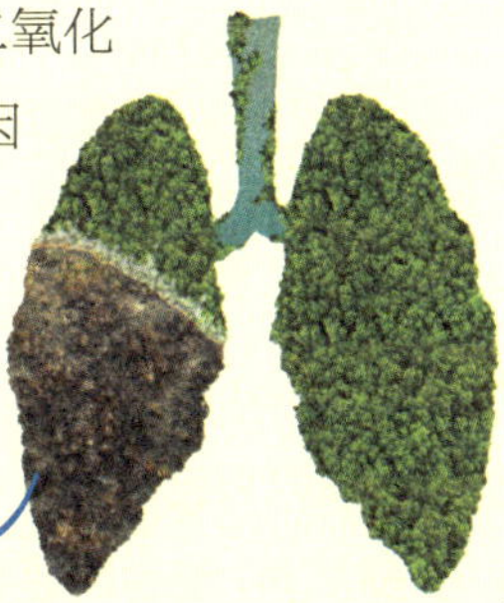

因为无节制的砍伐而遭到破坏的“地球之肺”。

哭泣的“地球之肺”

2019 年，亚马孙森林火灾燃烧了整整 3 个星期，超过 8000 平方米的森林被烧毁，而这场火灾的背后却是人类的焚耕开垦。1970—2014 年的 40 多年间，亚马孙雨林遭到大面积损毁。如果亚马孙的森林被砍伐殆尽，这片土地也将沦为荒地且很难恢复，人类赖以生存的氧气将减少 1/3。虽然从 20 世纪 90 年代起，巴西政府及各国际组织便意识到雨林消失对人类生存的影响，开始致力于保护部分雨林免遭人类侵占、开垦和毁坏，但保护这片土地需要全人类的参与和共同努力。

神秘的亚马孙原住民

虽然亚马孙热带雨林令人望而却步，但还是有一些印第安原始部落居住其中。亚马孙雨林中数不清的植物和动物是原住民们赖以生存的食物来源，他们中有人甚至能垂钓食人鱼、徒手捕捉鳄鱼。他们信仰大自然的神秘力量，崇拜一草一木。不过，随着人类社会的发展，很多部落也逐渐接受和转向了现代的生活方式。

食人鱼真的食人吗？

食人鱼也叫食人鲳，是生活在亚马孙河流域里的一种性情凶残的鱼，它们有着像刀尖一样锋利的牙齿。它们虽然个头儿不大，但通常群居，落入水中的猴子、牛等动物，一旦遭遇成群的食人鱼，也会被攻击甚至吃掉。因此，食人鱼也有攻击人类的可能，遇到它们可一定要小心！

科隆群岛上的神奇生物

太平洋东部的科隆群岛是一所“生物进化活博物馆”，你知道这里都生活着哪些独特而有趣的生物吗？它们在漫长的进化过程中有着哪些特别的地方呢？快来一起认识、了解它们吧。

巨型象龟体重可以达到成年人体重的 3 倍多。

岛屿名称的由来——巨型象龟

象龟是科隆群岛的“大明星”，科隆群岛的另一个名称“加拉帕戈斯群岛”就是“巨龟之岛”的意思。那么，这些象龟到底有多大呢？它们可以长到 1 米多长，200 多千克重，是世界上体形最大的陆龟。象龟贪凉怕热，主要生活在海岸边的草丛里，以仙人掌为食，除了产卵时几乎不到海边来。为了适应陆地干旱的气候，它们还进化出了一个特殊功能，可以把大量的水存在心脏和膀胱中，并坚持一年多不吃不喝。

巨型象龟行动十分缓慢。

海鬣蜥的颈背上长有尖锐的刺突。

唯一的海生蜥蜴海鬣蜥

除了巨型陆龟，科隆群岛的大蜥蜴也赫赫有名，比如唯一的海生蜥蜴海鬣蜥，能在海里游泳觅食。海鬣蜥平时的体色以灰、黑为主，到了繁殖期，雄性海鬣蜥就会呈现出鲜艳的红色或绿色。虽然长得有点儿凶，相貌也不出众，但它们性格温和，以素食为主，喜欢在水底吃海藻。海鬣蜥属于变温动物，必须在岸上晒够了太阳才能下水觅食。

海鬣蜥在水中十分灵活，靠强壮的尾巴来游泳。

唯一生活在北半球的企鹅

来到科隆群岛，会遇到一种意想不到的动物——加拉帕戈斯企鹅，它不仅是唯一在赤道附近生活的企鹅，更是唯一涉足北半球的企鹅。它们是企鹅家族中的小个子，身高 44～55 厘米，体重只有 1.7～2.6 千克，和鸭子差不多。

加拉帕戈斯企鹅属于环企鹅，胸部有一条并不明显的灰黑色条纹。

企鹅为什么能生活在科隆群岛？

受秘鲁寒流影响，科隆群岛的气温不仅远低于赤道其他区域，还十分干燥凉爽，因此加拉帕戈斯企鹅才能在这里生活。此外，海豹、信天翁等多见于南极的动物也在这里生活。

能把鱼震晕的蓝脚鲣鸟

因为长着一双蓝色的大脚，蓝脚鲣鸟非常容易辨认。它们喜欢吃鱼，捕鱼的本领也与众不同，在高空飞行时一旦发现爱吃的鱼，就收起双翅，像炮弹一样一头扎入水中，速度能达到每小时 97 千米，入水时发出的巨大声响还能把水面下方圆 1.5 米以内的鱼震晕。对于这种危险的高难度动作，如果位置和角度把握不好就有可能撞断脖子，因此，蓝脚鲣鸟的头非常坚硬，脖子也特别粗壮。

相比于其他鸟，蓝脚鲣鸟就算大个子了，平均体长 80 厘米。

喜欢在空中抢食的丽色军舰鸟

丽色军舰鸟体长 100 厘米左右，翅膀极长，展开时能有 2 米多长，飞翔时非常迅捷灵巧。雄鸟的长相十分特别，长有鲜红的喉囊。繁殖期间，其喉囊特别发达，在求偶时，雄鸟极力膨胀红色的喉囊，向雌鸟炫耀。丽色军舰鸟只能少量捕食一些水面上的鱼，大部分时间是凭借着高超的飞行技能，在空中截夺其他海鸟捕获的鱼。

丽色军舰鸟分布于世界各大热带、亚热带海洋。

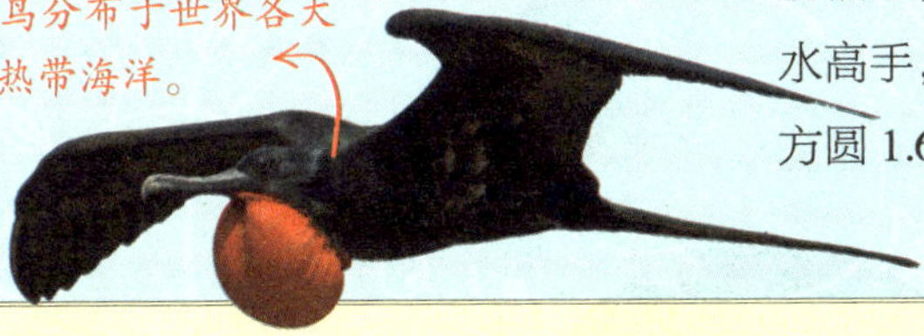

弱翅鸬鹚的羽毛不防水，潜水后湿透的羽毛，需要在岸边晾晒。

不能飞的弱翅鸬鹚

弱翅鸬鹚，也叫加拉帕戈斯鸬鹚，只能在科隆群岛看到。相比于其他鸬鹚，它们个子比较大，体长 89～100 厘米，长相也十分奇特，长有绒状的褐色羽毛，翅膀很小，是鸬鹚家族中唯一不能飞翔的。不过它们却是潜水高手，能在水中灵活捕鱼。它们从不远行，世代生活在方圆 1.6～3.2 千米的范围内。

弱翅鸬鹚为什么不能飞？

其实弱翅鸬鹚的翅膀曾经很发达，也善于飞翔。大约几十万到一百万年以前，它们来到科隆群岛定居，因为这里食物丰富，没有天敌，所以慢慢地，它们的翅膀就退化了，它们也就失去了飞行能力。它们的进化之路真正体现了“用进废退”的演化规律。

鲸类知多少

生活在海洋中的鲸，聪明可爱，喜欢亲近人类，犹如海洋中的精灵一般。鲸虽然像鱼但却不是鱼，它们彼此间用声呐系统进行沟通，有些种类的鲸还具有复杂的情感。我们一起去了解一下这种美丽的海洋生物吧。

1 像鱼却不是鱼的鲸

鲸生活在海洋里，虽然体形像鱼，但并不是鱼类，而是一种哺乳动物。早在远古时代，鲸的祖先是生活在陆地上的，后来环境发生变化，才到了靠近陆地的浅海中生活，经过很长时间的进化后，它们的前肢和尾巴演变成了鳍，后肢则完全退化，整个身子就变成了鱼的样子，它们完全适应了在海洋中生活。不过，鲸依然具有胎生、哺乳、恒温和用肺呼吸等特点，与鱼类完全不同。

鲸呼气时产生雾状水柱

2 独特的呼吸方式

鲸虽然和哺乳动物一样用肺呼吸，但其呼吸方式却非常特别。由于鼻孔长在脑袋顶上，因此呼吸时鲸会浮出水面，呼出的大量气体连带将鼻孔处残留的水一起喷出，形成一股水柱，就像花园里的喷泉一样。每隔十几分钟，鲸会露出水面呼吸一次。

3 鲸的合作捕猎方式

鲸十分聪明，懂得合作捕猎。比如，座头鲸发现猎物后，会围成一圈，吐出许多大小不等的泡泡来困住猎物，然后一起上前狼吞虎咽。再如虎鲸，当它们在浮冰上发现猎物后，会组成一种队形一起扇动尾鳍，从而制造波浪并破开浮冰，等猎物落入水中后，再一起下潜将猎物围住，并在水里释放一串气泡掩护同伴，以便更精准地咬住猎物。

海豚也属于鲸类

齿鲸亚目的种类很多，大体可以分成海豚、喙鲸和抹香鲸三个差异比较大的类群。海豚虽然体形不大，但它其实是齿鲸亚目的一种，只是被叫作海豚而已，其他的则都被叫作鲸，它们相似又不相同，但都是从同一个家庭出来的。

4 各具特色的鲸

蓝鲸

身躯细长，背部呈青灰色，体形巨大，长达 30 多米，重达 100 多吨，不但是最大的鲸类，也是地球上现存体积最大的动物。

白鲸

白鲸属一角鲸科，只是头上没有“角”。它身体胖胖的，脑袋圆圆的，成年后全身呈白色。白鲸是鲸类中最优秀的“口技专家”，能发出几百种声音，而且声音也是变化多端。

座头鲸

须鲸的一种，比较粗胖，通常身体的背面和胸鳍呈黑色，有斑纹，背部向上弓起，有超长的胸鳍，这让它们非常好辨认。座头鲸还是“海洋歌唱家”，因复杂、有规律的叫声而出名。

抹香鲸

与其他鲸类相比，抹香鲸最大的特点是那颗巨大的方形脑袋，它占据了其身体的 1/3。另外，抹香鲸的肠道会分泌一种蜡状物质，是名贵香料“龙涎香”的来源。

龙涎香

一角鲸出生时皮肤颜色很深，随着年龄增长，皮肤变得越来越白。

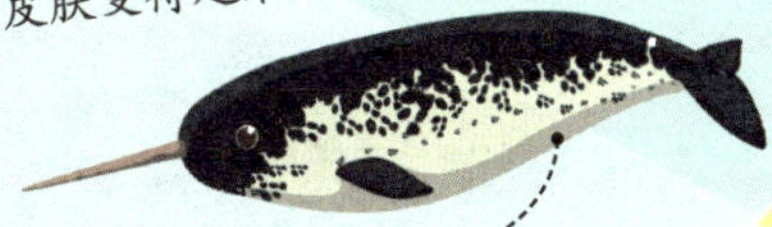

一角鲸

鲸类中的“小个子”，体长 4~5 米。它们脑袋上的大长“角”非常引人注目，其实那是它们突出唇外的长牙。这长牙除用来打斗外，还是一种地位的象征，牙齿越长、越粗，在鲸群中的地位就越高。

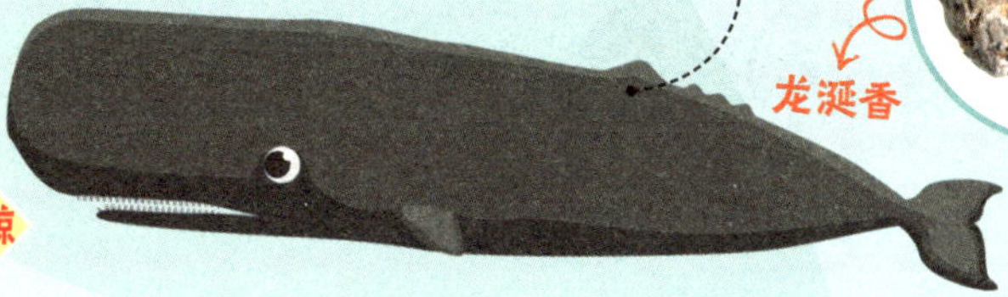

灰鲸

灰鲸生活在太平洋，是迁徙距离最长的动物，可迁徙长达 10000～22000 千米，春季北上，秋季南下。有意思的是，灰鲸在南下洄游时不摄食，胃是空的，往北洄游时才摄食。

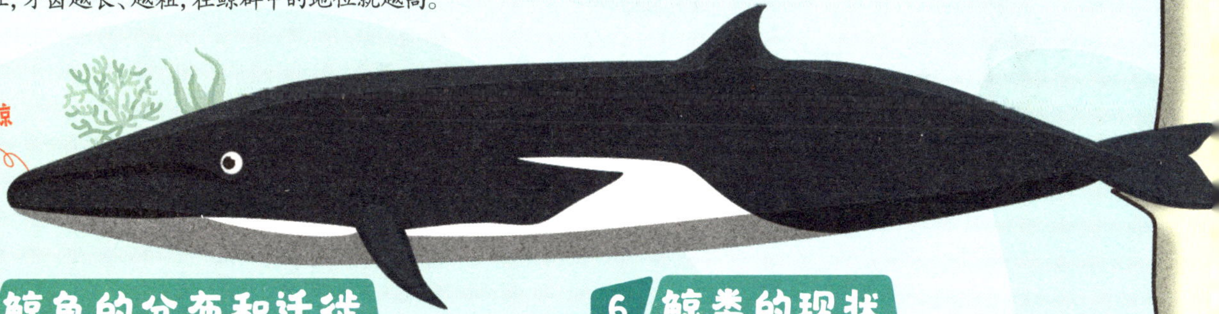

长须鲸

5 鲸鱼的分布和迁徙

鲸类在海洋中分布较广，比如长须鲸主要分布在南极海域，虎鲸一般生活在极地和温带海域。大部分鲸类并不会只待在一个地方，它们也会像候鸟一样迁徙，因为鱼类等其他食物也会因各种因素进行周期性的迁徙，加上季节变化导致的海水温度变化，为了下一代的生长，鲸也会为此而改变住处。

6 鲸类的现状

航运、兴修水利和海洋污染所导致的海洋环境恶化，加之人类对鲸的大量捕杀，许多鲸类已濒临灭绝。国际捕鲸委员会（IWC）发布了《全球禁止捕鲸公约》，并建立了印度洋和南大洋鲸类保护区。

我们住在南极

南极大陆岸边的年轻雌性南象海豹

“雌雄异形”的大块头南象海豹

南象海豹是活跃在南极冰天雪地里的大块头，是世界上最大的海豹。雄海豹比雌海豹要大好多，体重达 3 吨，雌性体长和体重往往还不到雄性的一半。雌、雄海豹的长相也很不一样，雄海豹最明显的标志就是那条鸡冠状的大鼻子，能发出响亮的吼声，显得威风凛凛；雌海豹没有大鼻子，看起来乖巧可爱。

南象海豹在陆地上动作非常笨重，费尽力气也爬不了几米，然而一旦进入水中，马上就成了游泳健将，凭借快捷的速度、深潜技术和犬齿的咬合能力，能在海中轻松捕捉到乌贼、章鱼等。

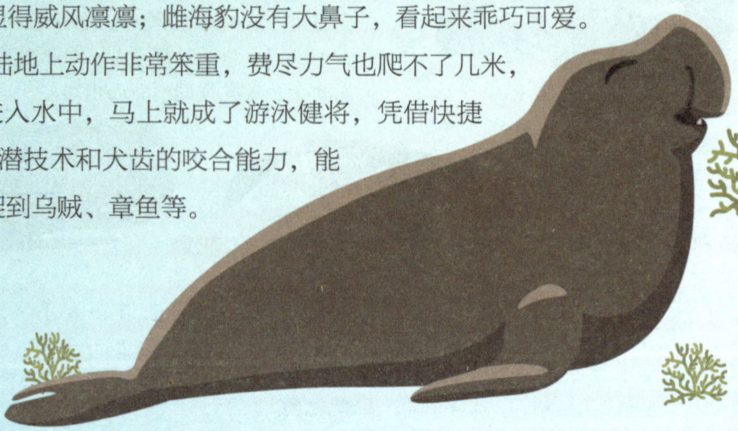

从爸爸的育儿袋中探出头的小企鹅

“极地精灵”帝企鹅

帝企鹅也称皇帝企鹅，主要生活在南极大陆和南设得兰群岛，是企鹅家族中体形最大的，成年帝企鹅高 1～1.3 米，重 20～45 千克。帝企鹅非常漂亮，身披黑白分明、油亮有光泽的大礼服，脖子底下长有一片橙黄色的羽毛，向下逐渐变淡，明艳动人，难怪被称为“极地精灵”。看过纪录片《帝企鹅日记》的人都应该知道，帝企鹅是唯一在南极的寒季进行繁殖的企鹅。帝企鹅妈妈只负责产卵，帝企鹅爸爸才负责孵化小企鹅，因为企鹅爸爸的双腿和腹部下方之间有一个育儿袋，能为孵化小企鹅提供足够的温度。

“空中强盗”贼鸥

贼鸥是生活在南极的一种黑褐色海鸟，听名字就知道它不是什么友善的鸟类。事实确实如此，贼鸥是南极的一种凶悍的稀有鸟类，比一般海鸥体形大。它的主要猎物是鱼和磷虾，但也不放过其他机会，经常“偷盗抢劫”，霸占其他海鸟的巢穴，掠夺其他海鸟口中的食物，偷袭企鹅的领地并叼食企鹅蛋和雏企鹅，搅扰得四邻不安，因此并不招其他生物待见。

贼鸥平日里主要栖息于开阔的海洋和近海岸洋面上。

半透明的南极冰鱼

南极冰鱼也称南极虾鱼，生长在深海0℃以下无污染的水域，以南极虾为食。南极冰鱼身形细长，显得头有些大。外皮黑白相间，没有鳞片。最特别的是，它们体内几乎不含红细胞，因此有着神奇的白色外表，某些部位还是半透明的。

一生都在飞翔的漂泊信天翁

漂泊信天翁生活在南极附近海域，是信天翁中体形最大的一种，身长可达1米以上，翅膀展开时可超过3.5米，有非常强大的滑翔能力，不用挥动翅膀就可以在空中停留几个小时，因此有“杰出滑翔员”的美誉。和一般的鸟类不同，漂泊信天翁一旦学会飞翔就会长年漂泊在海上，直到成年后才停下来产卵繁殖。而且，它们对爱情非常忠贞，只要找到了中意的对象就会与其相伴一生。

漂泊信天翁是现存鸟类中翼展最长的。

地球趣闻

漂泊信天翁是如何睡觉的?

曾经，人们相信漂泊信天翁的左右脑可以交替休息，在飞行时也能睡觉，像鲸类一样，可以边休息边游动。后来通过先进的追踪观测技术，人们才知道它们晚上会停落在海面上休息。

动物之最

动物是生物界中的一大类，也是人类的朋友。动物的外形和生活习性千差万别，各具特色。畅游在水中的鱼类、飞翔在天空的鸟类、生活在陆地上的爬行动物和哺乳动物，还有很多人们不熟悉的动物，一起组成了动物大家庭。让我们一起去认识一些奇特的动物之最吧。

世界上最大的动物

小蓝鲸5岁以后就成年了。

大象是陆地上最大的动物，可与蓝鲸比，大象就是小巫见大巫了。蓝鲸生活在海洋中，是世界上体形最大、体重最重的动物。蓝鲸个头儿非常大，一条舌头就重达2吨，心脏重达500千克。它的动脉血管也很粗，婴儿可以钻进它的动脉，在里面玩“钻地道”的游戏。刚出生的蓝鲸幼崽比一头成年的大象还要重，大象在蓝鲸面前就是个“小婴儿”。据科学家估计，出生7个月的小蓝鲸，体重就有23吨重，身长可达十五六米。蓝鲸平均寿命为50～80年。

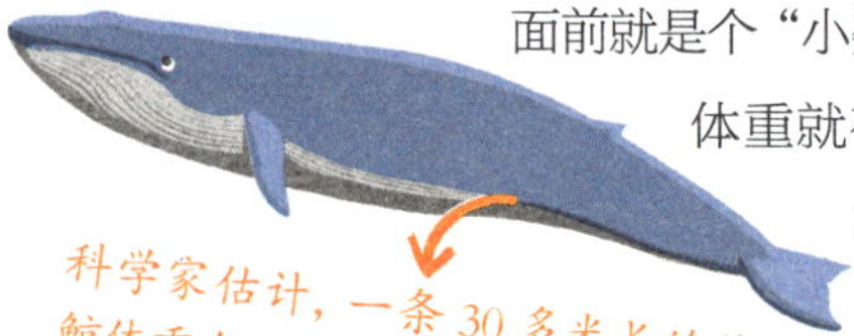

科学家估计，一条30多米长的蓝鲸体重会超过180吨。

陆地上最大的食肉动物

身穿白色大皮袄的北极熊是陆地上最大的食肉动物。雄性北极熊一般都有400～600千克重；雌性北极熊则小一些，体重大约在200～300千克。虽然北极熊体形又胖又大，但它的头却很小，细细长长的，耳朵和尾巴也很小，这可能是由于北极地区非常寒冷，这样能减少热量散失。北极熊长着无色的毛，皮肤却是黑色的。阳光照到它的皮毛上时，又反射到黑色皮肤上，这样，北极熊就能吸收更多的热量。

北极熊是北极地区的霸主，既能吃掉幼小的北极兔，也能吃掉海豹。它的一身皮毛和冰天雪地融为一体，猎物们不易发现它。

北极熊站起来有将近3米高，打起架来很凶猛。

随着全球变暖加剧，北极熊需要我们人类的保护。

生活在海拔最高处的哺乳动物

青藏高原上的牦牛，现在多分布在雅鲁藏布江上游、昆仑山脉等约 140 万平方千米的高山寒漠中。它具有耐苦寒、耐饥渴的本领，极易适应艰苦的高山草原环境，是生活在海拔最高处的哺乳动物。

这种高原动物体形粗笨，一般体长在 200 ~ 260 厘米，尾长约 80 ~ 100 厘米，肩高 160 ~ 180 厘米，公牛比母牛要高大些。最明显的是浑身浓密的长毛。它的头脸、上体和四肢下部的毛略短，体侧下部、肩部、胸腹部及腿部均有长毛，约有 40 厘米。尤其是颈部、胸部和腹部的毛，几乎下垂到地面，如同蓑衣般可以保护胸腹等内脏器官、外生殖器官及各关节等，防止受冻。

它尾部长毛呈簇状，蓬松肥大，直到脚跟。这身厚实浓密的长毛像是一件天然防寒服，让牦牛在极端环境里不畏严寒安然过冬。

世界上 80% 的牦牛生活在中国喜马拉雅山脉和青藏高原等地区。

“不要小看我，我是体形最大的牛。”

牦牛生活的地方海拔 3000~5000 米，属于高寒地区，年平均气温为 -30℃，但牦牛长有浓密的绒毛，可有效御寒。

飞得最快的鸟

雨燕是飞行速度最快的鸟类，它那镰刀状的翅非常适合快速飞行，据说一般每小时可飞行 110 千米。但雨燕的足非常短小，不适合行走，因此雨燕除了休息时会停下来，其他时间都在空中不停地飞来飞去，甚至连进食也是在空中飞行时完成的。和燕子一样，雨燕的尾巴也是叉尾，像把剪刀。雨燕喜欢把巢筑在高处的断树枝洞里或腐朽的老树干中。在温带地区，雨燕出现是夏季到来的标志。

最大的鱼

每条鲸鲨背部的白色条纹和斑点都是独有的。

鲨鱼是鱼类中的“大个子”，其中体形最大的就是鲸鲨。鲸鲨最大可长到 20 米，体重可达 20 吨，是现存世界上最大的鱼类。鲸鲨的身体呈灰褐色或青褐色，上面长有很多黄色的斑点或是横纹。鲸鲨的嘴巴又宽又大，差不多和头的宽度相等，这样的一张大嘴如果张开的话，一定很吓人。虽然鲸鲨的嘴巴很大，可牙齿却很小，在它的上、下颌里各长有几百颗牙齿。

鲸鲨喜欢吃海里的浮游生物和小鱼等。它吃东西时，会把食物和海水一起吞到嘴里，然后闭上嘴巴，让海水从嘴两侧像过滤器一样的鳃滤出去，这样，食物就留在嘴里了。

植物之最

植物是一个大家族，目前这个大家族中共有 30 多万个成员。在地球的演变和生物的进化过程中，植物起到了极其重要的作用。没有植物提供的氧气，地球也不会如此生机勃勃。在这个庞大的植物王国中，几乎每一种植物都有自己的秘密。那么，你了解哪些神奇的植物之最呢？

植物界最大的家族

被子植物是当今植物界中种类最多、分布最广的植物类群，数量庞大，是植物界中高等的类群，与人类关系密切。被子植物有根、茎、叶、花、果实和种子，而花是被子植物独具的主要特征，所以也称有花植物。全世界有 300～450 科 25 万种被子植物，超过植物总数的一半，大多数科分布在热带，2/3 的种限于热带或其邻近地区。中国约有 2.5 万种。

我们可以根据叶片的脉序、根系的类型和花的形态来区分单子叶植物和双子叶植物，水仙的叶片为平行脉序，为单子叶植物。

最大的种子

世界上最大的种子是复椰子树的种子。复椰子树分布在非洲东部印度洋中的塞舌尔群岛上，高 15～30 米，树干笔直，叶子像把大扇子。复椰子果实里的种子就像是两个椰子合在一起，中间有条沟，长约 50 厘米。复椰子的果实也像椰子一样，外果皮由海绵状纤维组成，除去这层纤维就看见了有硬壳的种子。复椰子树的花从授粉、结果到成熟需要 13 年，种子发芽需要 3 年，且只有在强烈的日照下才能发芽。

复椰子树一般每年只生长一片新叶子。

最高大的树

巨杉树干呈玫瑰般的深红色，生命力极强。

美国加利福尼亚州有个为保护原始红杉林而建的红杉树国家公园，是美国第二个建立的国家公园。园内红杉树数以千计，其中有一棵北美红杉名叫“亥伯龙”，又高又大，是树木中的“巨人”，截至 2019 年高已超过 116 米，成为世界上最高的树。这里还有一棵最著名的“谢尔曼将军树”，高约 84 米，基部直径 11 米，树龄已达 3500 多年，有“世界树王”之称，是当今体积最大的树。

最大的叶子

有一种叫王莲的水生植物，它的叶子圆圆的，铺在水面上，直径有 2 米多，最大的可达 4 米。叶子向阳的一面是淡绿色的，非常光滑；背阳的一面是土红色的，密布着粗壮的叶脉和刺毛，看起来非常结实。王莲叶子的边缘向上卷起，就像一只浮在水面上的大平底锅。

这么大的一片叶子，一个 35 千克重的孩子坐在上面也完全不会有问题。王莲的叶子可以说是水生植物中最大的了。

在陆生植物中，还有一种植物的叶子比王莲的更大，那就是生长在智利森林里的大根乃拉草（大叶蚁塔）。大根乃拉草的一片叶子能把一个骑马的人连人带马都遮盖住。当人们野营的时候，有三片这样的大叶子就足够盖一个四人住的帐篷了。

巨大的大根乃拉草

你们看我这样子，像不像一口平底锅？

捕食最快的食肉植物

水生狸藻类植物利用吸水性囊捕捉昆虫、小型甲壳类动物甚至小蝌蚪，它们的捕食囊一般是绿色或黄绿色的，可以将这些小生物吸入囊中，并消化吸收。它们一般生长在湿地、池塘或淡水中。有一种南狸藻的诱捕时间只有5.2毫秒，但 9 毫秒是更常见的时间。

橡子茅膏菜

我的捕食囊可以吸入昆虫，让我饱餐一顿！

陆地上捕食最快的食肉植物是南澳大利亚的橡子茅膏菜，它的“触须”使它能在 75 毫秒内捕捉到苍蝇或蚂蚁等小昆虫。这些快速移动的触须能将昆虫弹射到较短的触须上，较短的触须上覆盖着一种类似胶水的物质，于是昆虫就被粘住了，之后被送到橡子茅膏菜的中心去消化。

独具特色的植物部落

相对于动物而言，植物有着更悠久的历史，它们不断进化，制造出大量氧气，让人类和动物有了赖以生存的基础。没有植物就没有生命的来路。有的植物爱喝水，有的则比较耐旱，有的生于高山之巅，不同类别的植物组成了缤纷的植物部落，让我们深入了解一下吧。

爱“喝水”的水生植物

水生植物一辈子都离不开水，能在水中自由生长，通常根系发达，而且具有很强韧的茎，通气组织也很发达。常见的水生植物有高个子的芦苇、荷花，中等个子的王莲、浮萍，矮个子的金鱼藻，等等。

荷花是我们常见的水生植物，也叫莲花、水芙蓉，它的花色多为红色、粉色、白色等，个子很高，茎部高出水面几十厘米。它的果实——藕和莲子均可食用，而且莲子、荷叶、荷花等还可入药。

除了前文介绍的王莲，矮个子的金鱼藻也是水生植物的代表。金鱼藻也叫细草、鱼草、松藻等，种类较少，不超过 100 种。它们喜欢隐居在水下，茎部细长平滑，长约 20~40 厘米，边缘有小刺状细齿，花很小，花梗也短，生长在水塘、温泉、水库等淡水集中的地方。人们常用它来饲养鱼类、家禽等。

金鱼藻

“耐渴”的旱生植物

红柳

和水生植物相反，旱生植物平时不用摄取大量水分，只要很少的水分也能正常生长。即使在极端干旱的环境下，它们身体里的水分丧失，植株也只会呈风干或休眠状态，而不会死亡，一旦得到足够的水分，它们又会很快恢复生机。

胡杨、红柳都是喜欢生长在荒漠沙质土壤中的旱生植物。胡杨健康状态下能长到二三十米高，为适应干旱的环境，胡杨幼苗时嫩枝上的叶片狭长如柳，成年后叶片会变得圆润许多。红柳则会将根部扎得更深更长，尽可能地汲取地下水，最长的红柳根部竟能深入地下 30 多米。除此之外，还有可以随风滚动的卷柏和根系发达的骆驼刺等旱生植物。

胡杨林

喜欢“吃白食”的寄生植物

有些植物在长期演化过程中，某些营养器官退化，不能用自己的根系从土壤中吸收生长所必需的水分和无机盐，不能利用绿色的叶子进行光合作用获得养料，只能寄生在被称为宿主的其他植物体上，获得必需的营养物质，这种植物就叫作寄生植物。寄生植物分为完全寄生植物和半寄生植物两种。

有着弯弯曲曲的黄丝线般的茎的菟丝子是典型的寄生植物，它们可不管宿主的意见，就一个劲儿地“偷吃”宿主的养料，攀附着往上爬。如果不想办法控制，它们能把身体缠满整个被寄生的植物，围成一个密密麻麻的“狮子头”。

菟丝子

不怕冷的高山植物

盛开的雪莲花

高山植物，顾名思义，是指可以在高山带生长的植物。矮小、紧贴地面，是它们最大的特点。有的高山植物叶片排列在靠近根的地方，只有不长叶子的花朵高高地挺立着。有的高山植物全身都是绒毛，既可御寒，又可防辐射，雪莲就是这样的植物。

雪莲是多年生草本植物，它有着可以适应高山环境的生物特性，叶子很密，状如白色长绵毛，绵毛又交织形成了无数小室，室中气体难以与外界交换。白天它比周围土壤和空气所吸收的热量都大，到了夜间，它的温度又降低得很慢，所以既能保暖御寒，又能防止水分蒸发。除了雪莲，高山植物还有岳桦林、杜鹃花、报春花等。

天山雪莲

高山杜鹃

雪莲植株

地球的伟大表演

第三部分

人类与文明

ENCYCLOPEDIA OF EARTH

在这里看见亚洲

亚洲，“东方日出之地”，这里是第一缕阳光抵达之处，是世界最先苏醒的地方，中国就位于这片神圣的土地上。亚洲的城市有着多元的风情：有的传统，有的时尚；有的充满韵味，有的动感十足。下面一起见识一下承载着厚重文明和辉煌的城市吧！

北京！北京！

北京是一座有着3000多年历史的古都，与西安、洛阳、开封、南京、杭州并列为中国六大古都。北京的名胜古迹星罗棋布、不胜枚举，是全球拥有世界文化遗产最多的城市，包括北京故宫、长城、颐和园、天坛等，还有中华文化圣地孔庙、国子监，世界最大的四合院恭王府等。

天安门广场是北京的地标之一，是中国的象征。天安门广场是世界上最大的广场，有62个足球场那么大，可容纳100万人。人民英雄纪念碑耸立在广场中心，升国旗仪式每天在这里举行。北京还是一座时尚、高端、现代的国际化大都市。现代化的高楼大厦鳞次栉比，还有各种博物馆、艺术馆、天文科技馆，一定会让你流连忘返。

繁华的北京城

颐和园石舫

夜幕下的东京铁塔

浪漫东京

东京是日本的首都，政治、经济和文化中心，是世界上人口最多的城市之一。东京的标签实在太多，喧嚣的涩谷、宁静的东京湾、直入云霄的东京铁塔，风格各异。位于芝公园的东京铁塔高约333米，有人说它和埃菲尔铁塔很像，却不知它可比著名的埃菲尔铁塔还高，整体相当于100多层摩天大楼的高度，曾是世界上最高的铁塔。再看浅草寺朱瓦红墙的庙宇，雷门上硕大的灯笼在风中摇曳。门畔，风神与雷神护卫左右，威风凛凛，气场十足。

泰国首都曼谷

△大王宫特色建筑

▽大王宫建筑群

曼谷，又称“天使之城”，是泰国最大的城市，被评为全世界最受欢迎的旅游城市，位于昭披耶河东岸，南临泰国湾。金碧辉煌的大王宫、庄严肃穆的卧佛寺、充满神秘传说的金佛寺、流光溢彩的玉佛寺……曼谷大大小小的寺院有 400 多个，是世界上佛寺最多的地方。

位于首都市中心的大王宫，不仅是泰国保存最完美、规模最大、最有民族特色的王宫，其暹罗式建筑风格，更是汇集了泰国绘画、雕刻和装饰艺术于一体，是数百年的艺术精华。

▷玉佛寺外墙的神像雕塑

“花园城市”新加坡

新加坡是位于东南亚马来半岛南端的一个岛国，北与马来西亚为邻，南与印度尼西亚相望。整个国家面积仅比海南岛的 1/50 略大一点儿，但却是个发达国家。首都新加坡市内道路两旁绿树成荫，街头到处是花园、草坪，整洁美丽，被公认为“花园城市”。这里有只奇特的“动物”鱼尾狮雄踞在新加坡河河口，它洁白如玉，双眼含笑，鳞片鲜活，口喷水柱，形态生动有趣。它眺望大海，静静地守护着新加坡。现在鱼尾狮已成为新加坡的象征。

◁位于滨海湾区的飞行者摩天轮是世界最高的摩天轮。

△滨海湾金沙酒店也是一个地标建筑。

▷鱼尾狮雕像身高 8.6 米，不分昼夜地向大海喷水。

“沙漠奇迹”迪拜

▷帆船酒店

提到阿联酋，很多人首先想到的是迪拜。石油让迪拜人一夜暴富，他们也借机打造出一个可持续发展的迪拜，同时还在不断刷新着“世界之最”，如世界上最奢华的酒店帆船酒店，世界上最高的人造建筑哈利法塔，世界上最昂贵的迪拜赛马世界杯……还有著名的迪拜音乐喷泉、迪拜公主塔、备受瞩目的人工岛棕榈岛等。迪拜不仅是全球瞩目的焦点，还成功摆脱了对石油的依赖，现已成为位列伦敦、纽约、新加坡、香港、法兰克福之后的全球第 6 大金融中心，被誉为“沙漠奇迹”。

中国的世界奇观

5000年中华文明孕育了超乎想象的奇迹，中国有很多闪耀世界的奇观，它们是中国符号，更是世界文化遗产中的佼佼者。不得不说，世界奇迹看中国！

蜿蜒如巨龙的万里长城

长城是震撼世界的文明奇迹，是世界最大的人造建筑物。从春秋战国时开始兴建，历经2000多年，千百万中华先民肩挑背扛，用血肉之躯完成了这一伟大工程。古址西起临洮，北傍阴山，东至辽东，俗称万里长城。现今保存较完整的长城为明代所建，东起山海关，西到嘉峪关，较著名的有八达岭长城、慕田峪长城等。

京杭大运河的千年巡礼

京杭大运河是连通北京和杭州的人工河道。它始建于公元前486年，至今已有2500多年的历史，是世界上开凿最早、里程最长、工程量最大的古代运河，与长城、坎儿井并称为中国古代的三项伟大工程。京杭大运河全长1794千米，约为苏伊士运河的10倍，巴拿马运河的22倍，至今仍是通航要道，成为中国仅次于长江的第二条“黄金水道”。

北京故宫：美轮美奂紫禁城

北京故宫是中国明清两代24位皇帝的皇宫，原名紫禁城，位于北京城中心，是一座“城中之城”。宫城内有大小宫殿70多座，房屋8700多间。整个紫禁城金碧辉煌、庄严雄伟，是中国古代宫廷建筑的精华，也是世界规模最大、保存最完整的木质结构建筑群。1925年改称故宫博物院，院内陈列着中国各个朝代的艺术珍品，是中国最丰富的文化艺术宝库，1987年被列入《世界遗产名录》。

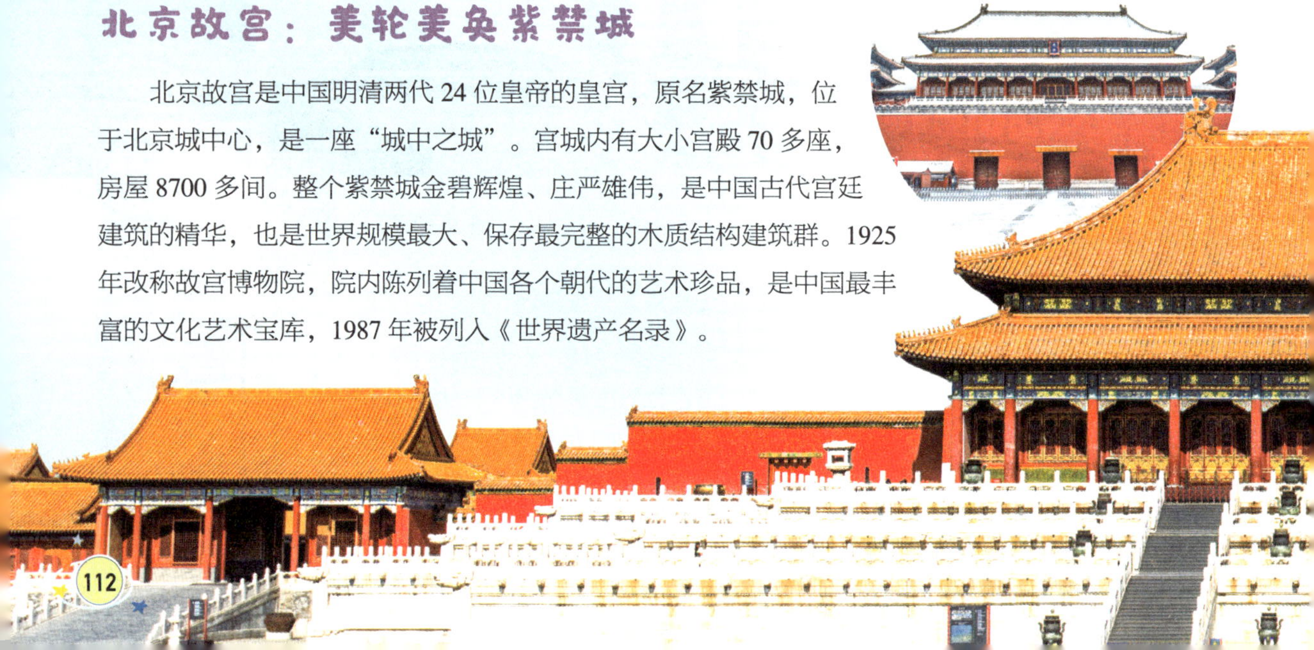

苏州园林：方寸之美

苏州自古就有兴建园林之风，是一座“园林之城”。苏州园林将住宅与山水合二为一，将亭台楼阁、泉石花木巧妙组合，使人“不出家门而获山水之怡，身居闹市而得林泉之趣”。苏州园林中的拙政园、留园、网师园、狮子林等，因意境深远、构筑精致、艺术高雅而成为园林典范。

敦煌莫高窟：大漠奇迹

公元366年，一名叫乐尊的高僧路过敦煌鸣沙山，看到山上金光闪耀，于是请工匠开凿出佛窟。经历代修建，唐代时已有1000多个洞窟，被称为“千佛洞”。莫高窟以精美绝伦的壁画和塑像闻名于世，是世界上现存规模最大、内容最丰富的佛教圣地，被称作“东方罗浮宫”，并由此形成了一门新的学科——敦煌学。

天坛：天子的祈祷

中国历朝历代都有祭天的传统，天坛就是中国明清两代皇帝举行祭天大典、祈求五谷丰登的庙宇。天坛在故宫的正南偏东方向，相当于四个故宫那么大。天坛北部围墙为圆形，南部是方形，象征着天圆地方。天坛的主要建筑有圜丘坛、皇穹宇、祈年殿、皇乾殿等。天坛是世界上现存规模最大的祭祀建筑。

秦始皇陵兵马俑

1974年2月，有位农民在打井时发现了与真人、真马一样大的兵马俑，从此埋藏了2000多年的秦始皇陵兵马俑得以面世。兵马俑共有8000多件，个个制作精良。兵俑平均身高1.8米，陶马高1.7米，身长2米，生动逼真，排列成阵，气势威武雄壮，再现了当时世界最强大的陆战部队秦军的战斗队形，向世人展示了2000多年前中国古人的智慧与高超的艺术水平，被誉为“世界第八大奇迹”。

了不起的中国文化

中国龙文化

传说炎帝和黄帝都是龙的儿子，炎黄子孙也是龙的传人。龙逐渐成为华夏民族的图腾和中华文化的象征。龙也是古代帝王皇权的象征，有“龙体”“龙袍”“龙脉”等说法。民间关于龙的习俗不胜枚举，如二月二龙抬头、三月三祭龙王、五月五赛龙舟等，还有龙马精神、龙凤呈祥等成语。

中国戏曲

戏曲是中国传统文化的重要组成部分，戏曲以“唱、念、做、打”为表现手法，以“生、旦、净、丑”为四大行当，以夸张的“脸谱”为化妆艺术，以“行头”为服装道具，充满艺术魅力，代表有充满地域特色的京剧、越剧、黄梅戏、评剧、豫剧等。京剧在中国影响最大，有“国粹”之称，脸谱更是被当作中国戏曲的象征。

热闹的春节

相传，古时候，年是一种凶猛的怪兽，每到除夕便四处残害生灵。有一年除夕，年到一个村庄碰到甩着鞭子的两个牧童，“啪啪”的声音吓走了它；年又看到一家门口晒着的大红色衣服，也掉头跑了。人们摸准了它怕响、怕红、怕光的弱点，日渐形成了放鞭炮、贴红春联、挂红灯笼以及吃年夜饭、守岁、祭祖、给压岁钱等习俗。春节成了中国人最热闹、最重要的节日，与清明节、端午节、中秋节并称中国四大传统节日。

四大发明

造纸术、指南针、火药、活字印刷术是中国古代的四大发明，这四项发明对中国的发展影响巨大，也改变了世界。它们是中国古代科技发展的里程碑，展现了中国人强大的集体智慧。

圣人孔子

孔子是历代中国人都十分尊崇的圣人，他开创的儒家文化至今仍贯穿于中国人的衣食住行、为人处世等方方面面，并对日本、韩国等国家影响深远，因此他被评为“世界十大文化名人”之首，成为最博学的君子典范。他一生致力于教育和著述，培养了“弟子三千、贤人七十二”，为后世留下了诸多珍贵的文化遗产。

中国建筑艺术

当你走进故宫、颐和园，当你登上悬空寺、置身苏州园林，当你走进北京四合院、山西乔家大院、福建土楼……你就会发现，中国的建筑不仅仅是建筑，还展现了一方风土人情、一种传统文化，更蕴含着天人合一的哲学理念，彰显着中国“中庸”“和谐”的审美意蕴，渗透着“长幼有序”“主次分明”等儒家观念以及“兴旺发达”“吉祥康乐”等美好寓意。

中国武术

说到中国功夫，很多人会想到少林寺、武当山等，这些地方都与中国武术有着极深的渊源。中国武术历史悠久、博大精深，蕴含着中国人特有的哲学理念，讲求“天人合一”“师法自然”，崇尚“武德”，即练武不是为了伤害别人，而是为了保护自己、见义勇为，或强身健体、修身养性。

中国瓷器

瓷器和丝绸、茶叶一样都源于中国，历史悠久，在唐宋元明清达到巅峰，如唐代越窑青瓷、邢窑白瓷，宋代汝窑青瓷、钧窑钧瓷，元代景德镇青花瓷，明代景德镇五彩瓷，清代景泰蓝珐琅瓷等均很珍贵。有的瓷窑传承至今，如中国“瓷都”江西景德镇、江苏宜兴、河北唐山等。

厉害了，中国国宝

每个国家都有自己的历史记忆，可能在一片瓦当的纹路里，在一件陶器的裂缝中。下面这些国宝，它们不仅是中国符号，也是历史的发声器，它们都在“说话”，不停地讲述着过去的荣光，你听到了吗？

画龙点睛的是这四个突出的羊头。

四羊青铜方尊 · 商
中国国家博物馆藏。该器通体漆黑光亮，饰纹美丽，集浅雕、浮雕、圆雕于一身，展现出商周时期青铜器装饰中“三层花”的效果，堪称青铜器工艺品的杰出代表。

最上层3组19件为钮钟，形体较小，有方形钮。

中、下两层5组共45件为甬钟，有长柄，钟体遍饰浮雕式蟠虺纹，细密精致。

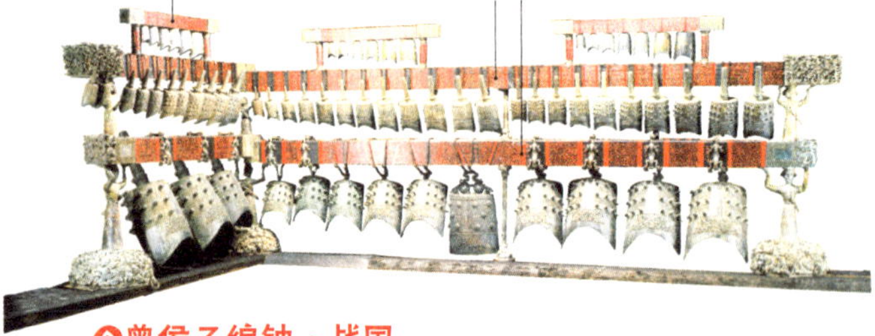

曾侯乙编钟 · 战国
湖北省博物馆藏。曾侯乙编钟是目前出土的保存最完好、铸造最精美的一套编钟，代表了中国先秦礼乐文明与青铜器铸造技术的最高成就。

汉

商

战国

“王为般卜”龟甲刻辞 · 商
中国国家博物馆藏。这片龟甲保存完整，再现了殷商时期甲骨文的真实面貌，展现了中国最早成体系的文字。

- 宽额圆面、眉眼细长，上衣下裳、圆袖交领，为汉代审美典型代表。
- 衣袖实为虹管，以吸收油烟，有环保价值。
- 灯盘可转动，以调整上方弧形平板，便于调节灯的亮度和照射方向。

长信宫灯 · 西汉
河北博物院藏。长信宫灯各部件分别铸造，后合成整体，方便清洗，设计精妙，实乃中华第一灯！

清明上河图 · 北宋
故宫博物院藏。全长5米多，展现了北宋都城的繁华及汴河两岸的市民生活。

6
“赵太丞家”的药铺

5
算命铺

人流如织的热闹街区

金瓯永固杯·清
故宫博物院藏。黄金打造的杯身镶嵌各种珍珠宝石，杯口的回纹、夔龙耳、象头，象征着对政权稳固、万代无疆的期待。

葡萄花鸟纹银香囊·唐
陕西历史博物馆藏。金银制的香囊，内放固体香料，燃烧后可焐手取暖，可做装饰，亦可锦衣香衾。

剔红花鸟纹漆提盒·明
故宫博物院藏。这件提盒盖面雕刻有亭台楼阁、池水花木、老翁仆童等复杂图案，形象生动，为明代雕漆佳作。

唐　宋　明　清

三彩骆驼载乐俑·唐
陕西历史博物馆藏。骆驼引颈长嘶，驼峰上架一平台，铺有色彩斑斓的长毯，其上共有8人。

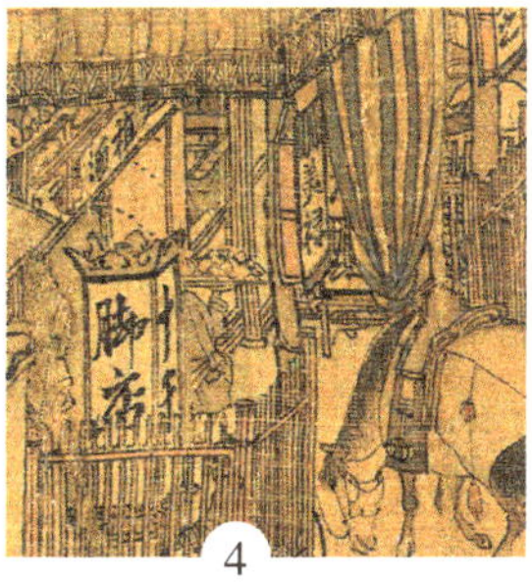
4
十千脚店，最早的灯箱广告

3
八个摇橹的船夫

2

1
汴京郊外的赶路人

各种釉彩大瓶·清
故宫博物院藏。这件传世珍品烧造工艺繁复，为中国古代制瓷工艺的顶峰，被称为“瓷母”。

熙熙攘攘的汴河码头　　风景如画的汴京郊野

千姿百态的东南亚宝塔

东南亚的历史与文化和佛教紧密相连，在历代教众和王公贵族的提倡和实践之下，修建佛塔蔚然成风。佛塔多用于供奉佛骨舍利、佛陀头发、佛像、佛经等，佛塔中汇聚了雕塑、壁画等大量艺术珍品，堪称东南亚的艺术宝库。

许多僧人在仰光大金塔修行。

仰光大金塔

“万塔佛国”缅甸的象征之一正是仰光大金塔，又称瑞大光塔，是世界上最昂贵的一座佛塔。仰光大金塔始建于公元前 585 年，塔内供奉有释迦牟尼佛的 8 根头发。后来经过不断修缮，大金塔才成为今天的样子，像一个倒扣的巨钟，塔身贴满了金箔，四周挂着 1400 多个金、银材质的风铃，风吹铃响，清脆悦耳，远播四方。塔顶全部用纯金铸成，上面嵌有上千颗红宝石、翡翠、金刚石，使整座金塔宝光闪烁，雄伟壮观。

出门见佛塔的蒲甘

缅甸的蒲甘古城在历史上号称“四百万宝塔之城”，如今仍保留了 2200 多座大小佛塔，吸引着全球游人。而乘坐热气球升空，俯瞰万塔林立，是蒲甘最著名的旅游项目。搭乘热气球升空后，林立的大小佛塔就在脚下，乘热气球在空中转一圈，就可以从各个角度饱览万塔古城的风光。

婆罗浮屠

在印度尼西亚爪哇岛，有一处举世闻名的佛教艺术古建筑——婆罗浮屠。“婆罗浮屠”意译为“千佛坛”。就目前的发现来看，没有明确的文字记载婆罗浮屠的建造情况。通过比较浮屠塔基的浮雕和王室族谱的铭文，可以估算出婆罗浮屠建造于公元 8—9 世纪。后来因为火山爆发、地震等原因，婆罗浮屠下沉，隐藏在茂密的热带丛林中，直到 19 世纪初才被清理、发掘出来。

婆罗浮屠

神秘的巴戎寺

在柬埔寨吴哥城中央，有一座壮观的巴戎寺，环绕其中央尖塔的是大大小小 49 座宝塔。而每座塔的顶部都雕刻着象征国王的四面佛，它们在塔尖微笑着俯瞰四周，代表至高无上的王权。这些佛像虽然都在微笑，但表情各异，安详中藏着几分神秘。

四面佛面容恬静，嘴角微微翘起，仿佛有一种魔力，让你的心灵平静、满足。

大吴哥城石门步道一侧排列的 27 尊神像

探秘吴哥古迹

大约6000年前，高棉人的祖先就生活在东南亚的柬埔寨这片土地上。公元9世纪，高棉人开始打造吴哥文明，他们用砖石建造庙宇、宫殿、城市，其标志就是辉煌的吴哥城。历经岁月的洗礼，吴哥古迹的发现惊艳了世人，繁复的建筑造型、精美的长满青苔的雕刻、陡峭的台阶、无尽的长廊……连同它曾经的传奇，处处散发着神秘气息。

“高棉的微笑”是可与“蒙娜丽莎的微笑”相媲美的东方神秘微笑。

别具一格的建筑风格

任何一个来到吴哥古迹的人都会被这里的建筑震撼。回廊、蹬道、宝塔构成吴哥古城错综复杂的建筑群。建筑规模宏大，设计质朴庄严，细部雕刻精致如丝，古朴厚重又瑰丽精美，让人感受到它全盛时期的磅礴气势，赞叹古人的建筑巧思。

高棉的微笑

大吴哥城雄伟的石门建筑，是大吴哥城保存最完善的城门。

“高棉的微笑”超迷人

漫步在吴哥古迹，你会在回廊的墙壁、廊柱、窗楣、栏杆等地见到造型各异、精巧优美的浮雕，有优雅华丽的神祇雕像、金戈铁马的英雄浮雕、浑厚强健的动物浮雕……它们将吴哥古迹的精致和神秘展现得淋漓尽致。你会被吴哥城巴戎寺佛像的微笑感染，它们面容安详，嘴角微微翘起，仿佛有种魔力让你平静，因此被称为“高棉的微笑”，很多人认为它是世界上最美、最宁静的微笑。

大吴哥、小吴哥和吴哥窟到底是什么关系？

整个吴哥古迹现存600多处遗址，占地约400平方千米，其中包括我们常说的大吴哥和小吴哥。简单来说，大吴哥是历史上盛极一时的吴哥王城遗址，而小吴哥就是我们常说的吴哥窟，是世界上最大的石窟寺庙。

印在国旗上的小吴哥

小吴哥，也称吴哥窟、吴哥寺，是柬埔寨的国宝，被印在柬埔寨国旗上。整个吴哥窟全部是用巨大的砂岩石块砌成，没有使用任何灰浆或黏合剂，许多石块甚至重达 8 吨。一进大门，你就会被它的气势所折服，磅礴的宫殿静静地沉睡在森林中，陡峭的台阶、低矮的大门、长长的回廊以及随处可见的精美浮雕，仿佛你正在进行着一场穿越时光之旅……

国旗上的小吴哥，也是吴哥古迹中保存最好的庙宇。

古迹“心脏”大吴哥

大吴哥也叫吴哥城、吴哥通王城，高棉帝国的最后一座都城，是吴哥古迹的“心脏”。王城为四方形，城墙周长 12 千米，并有宽达百米的护城河环绕，里面有巴戎寺、斗象台、癞王台、十二生肖塔等著名景点，令人流连忘返。

斗象台曾是斗狮子、老虎、大象的地方，图为台基周围精美的雕塑。

粉色女王宫

女王宫并不在大、小吴哥范围内，而是位于吴哥古迹东北角。这里的所有建筑材料全是用红色砂岩建造而成，在这种砂岩上雕刻雕像，效果非常好，因此女王宫的浮雕比小吴哥还略胜一筹，代表着吴哥古迹最高的艺术水准。

女王宫是吴哥古迹中风格最独特、最精致的建筑群之一，以色彩艳丽、浮雕精美闻名于世。

女王宫用高棉特有的红砂岩筑成，色彩鲜艳妩媚，易于精雕细刻。

女王宫并不是女王所住的地方

其实女王宫和女王并没有关系，主要是因为这座建筑是粉红色的，而且雕像太过精美，当地人认为它们并非男子雕刻，而是出自心灵手巧的女性之手，所以人们将其称为女王宫，并不是说它是女王的住所。

两河相遇，碰撞出的古老文明

两河流域指底格里斯河与幼发拉底河的中下游地区，主要位于今天的伊拉克境内。希腊语称之为“美索不达米亚”，意为“两河之间的地方”。这里曾产生过闻名世界的两河文明，最为辉煌的有苏美尔文明和紧随其后的巴比伦文明。

发达的苏美尔文明

苏美尔人大约在公元前4500年来到两河流域南部，创造了世界最早的文明——苏美尔文明。苏美尔人创造了很多“世界之最”，例如，创立了最早的学校、最早的太阴历、最早的情歌、最早的水族馆等。他们挖水渠、建水坝，引底格里斯河和幼发拉底河的河水灌溉农田，种植麦子和蔬菜，圈养牲畜，建立了最早的城邦国家。

楔形文字泥板

苏美尔人还发明了最古老的“楔形文字”和最原始的图书“泥板书”，制定了世界上最早的成文法典《乌尔·那穆法典》。楔形文字因其笔画由粗到细像木楔一样而得名，后来传至整个西亚，人类最早的史诗《吉尔伽美什》即用楔形文字书写而成。此外，苏美尔人在数学、医学、冶金等方面也很先进。

两河流域文明足迹

前3500—前3100年	出现楔形文字
前3100—前2700年	早期城邦国家出现
前2900—前2340年	苏美尔城邦争霸
前2340—前2159年	阿卡德王国时期
前2112—前2004年	乌尔第三王朝时期
前1894—前1595年	古巴比伦王国时期
约前1000—前612年	亚述帝国时期
前626年	新巴比伦王国建立
前604—前562年	尼布甲尼撒二世统治时期，建空中花园
前539年	新巴比伦王国被波斯所灭

“乌尔军旗”饰板

据说苏美尔人发明了世界上第一辆四轮车，并将其用作战车。苏美尔人制作的这一艺术精品上就绘有多辆战车及全副武装的士兵，可以看出车轮由木料拼接而成，中间由横木条固定，这一结构很像繁体的“车”（車）字。

鼎盛的巴比伦文明

紧随苏美尔文明之后的是辉煌的巴比伦文明。巴比伦人制定了世界上第一部较为完备的成文法典《汉谟拉比法典》。巴比伦神庙的祭司开办的借贷机构是世界上最早的商业银行。人类历史上最早的农业历书《农人历书》也是这时出现的。

巴比伦高超的建筑水平令人惊叹，最为著名的是尼布甲尼撒二世重建的巴比伦城，它城垣雄伟、宫殿辉煌，是当时世界上最壮丽、最繁华的城市，古代世界七大奇迹之一的“空中花园”和神奇的“巴别塔”均在其中。

《汉谟拉比法典》石碑碑头

失落的巴比伦遗址

公元前586年，新巴比伦国王尼布甲尼撒二世攻陷耶路撒冷，将几万犹太人掳往巴比伦为奴，这就是著名的“巴比伦之囚”事件。后来尼布甲尼撒二世动用大批奴隶重建巴比伦城。巴比伦古城遗址位于巴格达以南88千米处，向人们诉说着巴比伦王国昔日的辉煌。为了发展旅游业，伊拉克政府在遗址上仿建了部分城墙和建筑，修建了博物馆，重现了古城的部分风貌。

巴比伦古城遗址

油画《巴别塔》

关于巴别塔的传说很多。有人认为巴比伦古城遗址中的恩台美安基塔庙就是巴别塔的原型。

空中花园到底在哪里？

相传，新巴比伦国王尼布甲尼撒二世下令在幼发拉底河畔修建了一座7层共25米高的立体空中花园，以解爱妃的思乡之苦。空中花园是古代世界七大奇迹之一，尽管史书中有很多相关描述，但考古学家们至今也没找到它的确切遗址。

古印度文明探秘

印度河水流经西部，恒河沙珍珠无数，无忧树诞育佛陀，“四大文明古国”之一的古印度文明璀璨瑰丽，流传千年。一匹白马一位僧人，西天取经的故事广为传颂。充满异域风情的民族文化，历史悠久的宗教、艺术，让我们不禁想去这神秘的古文明源头一探究竟。

哈拉巴文明时期的公牛印章

有趣的动物印章，讲述哈拉巴文明

20 世纪初，在广袤的印度河流域，考古学家发现了一个巨大的地下“王国”。这个“王国”拥有两座精美的大城市——哈拉巴、摩亨佐·达罗；“王国”的文字刻在印章上，印章的图纹多是独角兽和公牛。在哈拉巴文明时期，牛有着很重要的地位，是人们生活的经济基础，因此很受崇敬。同时考古学家认为这是一种与独角兽一样的图腾崇拜。

古印度文明主要时期

公元前 2000 年前后
古印度文明的源头哈拉巴文化形成。

公元前 1500—前 800 年
中亚雅利安人进入南亚次大陆，建立了一些奴隶制小国，吠陀文明诞生。

约公元前 324—约前 187 年
著名的奴隶制王朝孔雀王朝时期。

公元 1—3 世纪
大月氏人建立了贵霜王朝。

约 320—约 540 年
第一个封建王朝笈多王朝时期。

606—647 年
戒日王朝统治时期。戒日王朝是最后一个统一北印度的印度人王朝。戒日王朝后，印度陷入分裂，古印度历史到此结束。

阿育王石柱的秘密

三只雄壮的金色狮子背靠背站立在圆形台基上，这便是现代印度共和国的国徽图案。该图案来源于古印度孔雀王朝第三代国王阿育王所建的石柱，孔雀王朝对印度的影响力可见一斑。孔雀王朝因创建者旃陀罗笈多出身于豢养孔雀的家族而得名，经三代人经营，至阿育王时期，孔雀王朝达到了鼎盛阶段。

现存的阿育王石柱中，柱头动物有狮子、牛、象、马。柱头为四只雄狮背靠背的，则是所有石柱中最珍贵也最著名的鹿野苑阿育王石柱。

鹿野苑阿育王石柱
柱头最上面是四只狮子，背靠背，颈脊相连，面向四方，威武雄壮；中间层的饰带雕有一头大象、一匹奔马、一头瘤牛和一只狮子，其间用象征佛法的法轮隔开；最下层是钟形倒垂的莲花瓣。整个柱头华丽细腻，显示了古印度孔雀王朝时期高超的艺术水准。

佛陀诞生记

传说在古印度有一位智者，他刚一出生便行走七步，一手指天，一手指地，口中说道“天上天下，唯我独尊”。他是谁？他便是佛教的创立者释迦牟尼。释迦牟尼，原名乔答摩·悉达多，出身于古印度的富有家庭。为脱离生死轮回之苦而出家修行，35岁彻悟，创立佛教，从此终生说法，广收门徒，最终形成博大精深的理论体系。后来，佛教走出印度，传播到世界各地，成为世界三大宗教之一。

湿婆是印度教三大主神之一，是“毁灭之神”，是生殖力量的象征，也是欢乐的舞蹈之王。这个湿婆舞蹈像是印度艺术中的经典之作。

“宗教博物馆”

印度这片土地上宗教众多，它不仅是世界三大宗教之一的佛教的诞生地，也有自己的本土宗教印度教，还有外来的伊斯兰教和基督教，以及其他宗教犹太教、巴哈依教等，难怪被称为“宗教博物馆”。

释迦牟尼像，现藏于日本东京国立博物馆。

《大唐西域记》的独家记录

公元7世纪，中国唐朝僧人玄奘大师亲赴印度游学，历时19年，足迹遍及中亚、南亚多个国家。回国后与其弟子辩机合作完成一部影响世界的巨著——《大唐西域记》。该书对印度各地的政治、经济、地理、历史、传说人物、名胜古迹、风俗民情等均做了记录，是现代史学界研究古印度历史重要的第一手资料。

印度鹿野苑的乔堪祇塔，是笈多王朝时期所建，不仅是佛教在古印度的四大圣地之一，也是释迦牟尼成佛后初转法轮之处。

这些遗迹见证古文明

印度的文明古迹大致分为三部分：首先是古堡陵园，著名的有红堡、泰姬陵等，代表了印度建筑艺术的最高水准；其次是古老的佛教圣地，鹿野苑是释迦牟尼初次宣传他的佛法之地，拘尸那迦是佛陀圆寂的地方，还有王舍城、那烂陀寺等；最后一部分是石窟神庙，阿旃陀石窟、埃洛拉石窟群等，有众多佛教塑像、雕刻和绘画。这些都是研究印度古代文化艺术的绝佳之地。

奇妙大洋洲

大洋洲风光绝美，原始奇幻，民风淳朴，被认为是最像天堂的地方。同样，大洋洲的城市景观也异彩纷呈，如高度发达的第一大城市悉尼、极富英伦风情的历史文化名城墨尔本等，文化也呈现出多元样态，像一个多彩绚烂的大拼盘，为大洋洲蒙上了一层神秘的面纱。

“南半球的纽约”：悉尼

悉尼是新南威尔士州的首府，也是澳大利亚面积最大、人口最多的城市，拥有高度发达的商业、金融业，被称为“南半球的纽约”。闻名世界的悉尼歌剧院像一片片白色船帆组成的美丽雕塑，是悉尼的标志性建筑，因其独特的设计风格而被列入《世界遗产名录》。令人想不到的是，它的设计者最初的设计灵感来自切开的橙子瓣。在悉尼歌剧院西侧，与它隔水相望的是被当地人称作“大衣架”的悉尼港桥，就像一道架在悉尼港上空的长虹。

悉尼港桥是世界上唯一一座允许游客攀爬到拱桥顶端的大桥，攀爬悉尼港桥是这里最受欢迎的旅游项目之一。

悉尼歌剧院

“南半球的伦敦”：墨尔本

如果说悉尼因发达的商业和金融业被称为“南半球的纽约”，那么作为澳大利亚曾经的首都、第二大城市、有“澳大利亚文化之都”之称的墨尔本，也因深厚的文化底蕴、浓郁的艺术气息以及现代的时尚潮流，当之无愧地被冠以“南半球的伦敦”之美誉。不仅如此，墨尔本还是一个景色宜人、环境幽雅的“花园城市”，城市绿化率高达40%，连续多年被评为全球最宜居的城市之一。

墨尔本城市风光

“风城”惠灵顿

位于大洋洲新西兰北岛南端的惠灵顿，是新西兰的政治、文化中心，也是世界上位置最靠南的首都。因处在南半球西风带上，又濒临库克海峡，惠灵顿时常刮起猛烈的海风，故有“风城”之称。大风转动风车也带来了源源不断的电能。城中大大小小的博物馆、美术馆和剧场，以及各种各样的文化赛事和节庆活动，更让这座城市散发出浓厚的文艺气息。纯净宜居、独具特色的惠灵顿，也被誉为“世界上最酷的小型首都”。

惠灵顿依山傍海，景色宜人，四季如春。

风姿绰约的皇后镇

皇后镇是一个小城，坐落在新西兰高山深湖瓦卡蒂普湖北岸，依山傍水，风景绝美，电影《指环王》中的很多场面都是在这里取景。皇后镇虽然不大，却闻名全球，享有“童话世界”“浪漫小镇”“冒险之都”等诸多美誉。这里的游乐项目不胜枚举，骑马、漂流、滑雪、跳伞、蹦极、峡谷秋千、热气球、喷射艇……毫不夸张地说，皇后镇不仅是一处旅游度假胜地，更是极限运动爱好者的天堂。

皇后镇三面环山，四季分明。在这里，既可以欣赏动人的美景，也可以体验各种惊险刺激的极限运动。

毛利人的文化景观

在很多国际体育赛事中，新西兰队常会在赛前跳一段节奏激烈的舞蹈，即毛利人的哈卡舞。毛利人是天生的艺术家，善于通过音乐和舞蹈表达情感，其舞蹈以女性的波伊舞和男性的哈卡舞最负盛名。哈卡舞是一种鼓舞士气、威慑敌人的舞蹈，那些跺脚抖臂、伸舌瞪眼的动作，以及震耳欲聋的合唱，都象征着毛利男人的活力。

来到新西兰旅游，你会看到很多毛利人传统的木雕艺术品，不同的木雕记载着不同的历史事件或部族图腾。毛利人还酷爱文身，对他们来说，文身具有神圣的意义，代表不同的地位。

碰鼻礼是毛利人的传统待客礼节，碰鼻子的时间越长，说明宾客受到的礼遇就越高。

文面的毛利人

毛利人红色漆绘的木雕作品，轮廓清晰，风格独特。

多情的欧洲城市

欧洲是世界上面积第二小的大陆，但它却像童话中的公主一样美丽。平原辽阔，河湖广布，风景秀丽，阿尔卑斯山脉巍然耸立，山地风光秀美绝伦，更有多姿多彩的海滨风情，这样多元的绝美风景孕育出不一样的城市风光。让我们一睹它的风采吧。

伦敦塔桥始建于1886年，已经130多岁了。

“雾都”伦敦

伦敦位于英格兰东南部的平原上，泰晤士河穿城而过。作为英国首都，伦敦不仅是历史文化名城和国际金融中心，更以“雾都”著称于世。这里时常弥漫着雾气，泰晤士河两岸的建筑在迷雾之中朦朦胧胧，十分浪漫。古典的议会大厦和大本钟，宏伟的大英博物馆，建于维多利亚女王统治时期的伦敦塔桥，高达135米的摩天轮“伦敦眼”……它们让这座城市充满了浓郁的艺术氛围和历史气息。

“浪漫之都”巴黎

巴黎是法国的首都，也是法国最大的城市。塞纳河像条玉带般从城中蜿蜒穿过。当你坐着小船欣赏两岸风光时，你会看到非常多的著名建筑，如罗浮宫、埃菲尔铁塔、巴士底狱、巴黎歌剧院，著名的香榭丽舍大街也离河岸不远。游经西堤岛，你还会看到举世闻名的巴黎圣母院。迷人的艺术与文化、建筑与历史、商业与时尚，让巴黎享有“浪漫之都”的美誉，吸引着人们前来游览。

大火之前的巴黎圣母院

埃菲尔铁塔

童话般的街道

斯德哥尔摩市政厅

横跨十四座岛屿的首都

很多人知道斯德哥尔摩是因为它是诺贝尔的故乡、诺贝尔奖的主要颁发地，但是，当你真正来到这里，一定会惊叹于这里的景象。这个北欧第一大城市居然建在十四座岛屿和一个半岛上，并由七十多座桥梁连在一起，难怪它被称为“北方威尼斯”。

“森林中的首都”莫斯科

莫斯科是俄罗斯的首都和最大的城市，也是欧洲人口最多的城市，还是世界著名古城，名胜古迹比比皆是，最著名的要数克里姆林宫和红场了。克里姆林宫曾是沙皇的皇宫，金碧辉煌、气势磅礴，现在是俄罗斯总统府所在地。红场是莫斯科最古老的广场，也是俄罗斯举行大型庆典和阅兵活动的重要场所。莫斯科还是世界上绿化最好的首都之一，被誉为“森林中的首都”。市西南部的麻雀山是莫斯科的最高处，可以俯瞰莫斯科，将美丽的景色尽收眼底。

瓦西里升天教堂

克里姆林宫

在美丽的威尼斯，乘坐贡多拉欣赏迷人的水上风光，领略独特的威尼斯风情。

建在水上的城市威尼斯

威尼斯有着“水城”的美誉，因为它是一座建在水上的城市，威尼斯也是世界著名的历史文化名城。这里大水道贯通全城，蜘蛛网般的水巷纵横交织，整座城市好像浮在碧波上。外观奇特的叹息桥、庄严肃穆的圣马可广场等著名建筑和景点散落其间。威尼斯还是世界上唯一一个没有汽车的城市，要出门的话可以乘坐名叫“贡多拉”的小船或公交船，在迷宫般的水巷中尽情领略“水城”的独特风情。

“永恒之城”罗马

意大利首都罗马是一座神奇的城市，位于亚平宁半岛中西部，是古罗马帝国的发源地。罗马建城历史悠久，至今已有2500多年，被称为“永恒之城”。今天的罗马依旧保留着丰富的历史古迹，被誉为全世界最大的“露天历史博物馆”。全球最大的巴洛克式喷泉特莱维喷泉和圆顶建筑的鼻祖万神庙，宏伟壮观的罗马大角斗场，见证辉煌的古罗马遗址……它们历经千年的沧桑却依然显示着这座“永恒之城”的庄严和荣耀。

罗马大角斗场

欧亚十字路口的奇迹

因为横跨欧亚两个大洲，土耳其被称为“欧亚十字路口”。这里曾经诞生了强盛的奥斯曼帝国，强大到让东罗马帝国灭亡。文明在这里交汇与融合，所以在土耳其，不仅能看到欧洲风格的建筑，还能看到伊斯兰风格的建筑，如托普卡珀宫。

极负盛名的大圆顶

这座位于土耳其伊斯坦布尔的圣索菲亚大教堂，拥有极负盛名的圆顶。圆顶的正下方没有柱子支撑，却能够屹立不倒，这在公元 6 世纪时是个不可思议的设计。古代的建筑设计师们为此挖空心思，终于设计出帆拱这样的建筑形式，让巨大圆顶的重量分散给了教堂的 4 根承重支柱，不必再增添支柱。设计师们同时还在圆顶周围凿出了 40 个半拱形的天窗来继续分散重量，这不仅让圆顶看上去更轻盈，还让曼妙的天光洒入室内。

圣索菲亚大教堂

我是和神握手的国王

土耳其的内姆鲁特山本来平平无奇，因为在山上发现了一座宏伟的陵墓而闻名四方。这个陵墓的主人是科默金国王安梯奥彻斯一世，一个政治上没什么功绩，却特别自大的人。约公元前 69 年，国王开始让人在山顶上用石头堆砌人工山顶作为自己的陵墓，同时，他还修建了大范围的雕塑来彰显自己的伟大。更有趣的是，他在雕塑上描绘了自己和宙斯、阿波罗等天神握手会面的场景，就这样让自己“位列仙班”了。

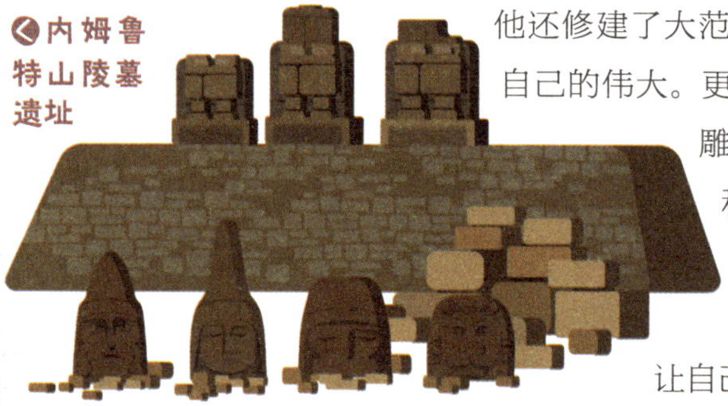

内姆鲁特山陵墓遗址

500 多岁的古老皇宫

到中国一定要去故宫博物院，去土耳其一定要去托普卡珀宫。托普卡珀宫已经 500 多岁了，它在奥斯曼帝国时是苏丹（伊斯兰国家世袭君主的称号）的皇宫，有约 30 位苏丹在这里居住过。在这里，除了能看到土耳其的国宝之外，还能看到大量的中国珍宝，尤其是瓷器，有 1 万多件，人们称它是“中国陶瓷的宝库”。

托普卡珀宫的大门

摩索拉斯陵墓

土耳其还有一座曾经震惊世界的奇迹——摩索拉斯陵墓。虽然它如今只剩下一些残破的石头，但考古学家仍然推测出了它的原貌：它的面积约为 1200 平方米，高约 42 米，相当于一座 14 层的大楼，在最高处还雕刻了一辆 4 匹马拉着的古代战车。这就是卡里亚帝国（今土耳其境内）国王摩索拉斯的陵墓。

摩索拉斯陵墓想象图

只剩几根柱础的神庙

土耳其的阿耳忒弥斯神庙遗址是人类文明遗址中最简陋的之一，现在只剩下几根柱础。即便如此，它仍是“古代七大奇迹”之一。当年这座神庙十分庞大，约建于公元前 600 年，有 127 根高约 20 米的大理石柱，大约 6 层楼那么高。根据史料记载，神庙的雕刻秀丽精美，但在公元前 356 年被一个叫黑若斯达特斯的小伙子一把火烧毁了，重建后又被哥特族破坏。小伙子为什么烧神庙？他说，想让自己的名字留在历史上。这太疯狂了，但他做到了——遗臭万年。

阿耳忒弥斯神庙想象图

大英博物馆之旅

来到欧洲可千万别错过英国伦敦的大英博物馆啊！这座博物馆拥有 800 多万件藏品，纵贯 200 多万年的人类历史。我们一起来看几件珍贵的藏品吧。

驯鹿角雕刻的猛犸象

这可是大约 12500 年前的原始人雕刻的猛犸象哟。在今天的人们看来，它依然很可爱，可见，原始人的审美和我们有共同之处。它在法国被人们发现，如今保存在大英博物馆的恒温箱里。

刘易斯棋子

欧洲人喜欢下国际象棋，有人雕刻了很多有意思的棋子。人们在英国的刘易斯岛上发现了几十枚好玩的棋子，它们都是 800 多年前被制造出来的。棋子人物的动作、表情充满了戏剧性，现在成了大英博物馆的知名藏品。

古埃及猫木乃伊

我们都知道，古埃及人会把人的尸体做成木乃伊，但你也许不知道，他们也会把死去的猫咪做成木乃伊，因为在他们的神话中，猫咪是守护女神巴斯彻特的化身。据考古学发现统计，古埃及人总共做了至少几十万个猫咪木乃伊。

《内巴蒙宴会图》

快来看看几千年前古埃及人的宴会场景吧。壁画描绘的是古埃及高官内巴蒙在自己家里举办宴会的场景，他们在用餐的时候会请乐师和舞者来助兴，所以我们可以看到奏乐的女乐师和热舞的女舞者的画像。

印加黄金美洲驼

这只黄金美洲驼伸着脖子，耳朵高高竖起，面带微笑，是不是很可爱？它是由古印加人打造的。印加帝国曾兴盛于美洲，以盛产黄金闻名。古印加人打造了许多形象生动可爱的小金像。

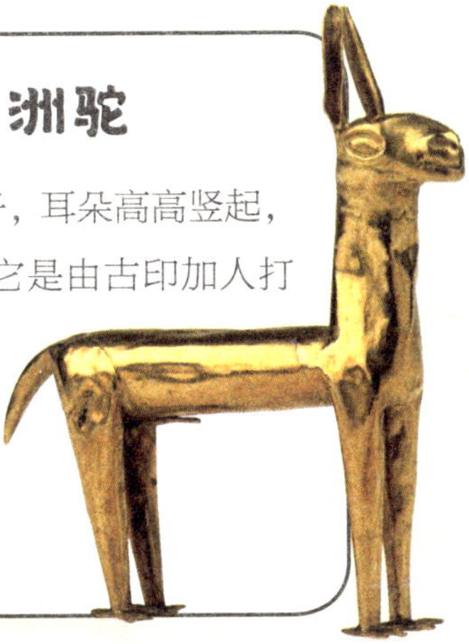

双头蛇

这条双头蛇是美洲的阿兹特克人制作的。其内部是木架，外面贴了大约 2000 颗小绿松石，鼻子和齿龈处用鲜红色的贝壳制成，牙齿由白色贝壳制成，做工非常精致。

犍陀罗佛陀像

传说，大约 2500 年前，佛陀离世后，佛教传播到许多地方，其中包括古代的犍陀罗王国。该王国首都位于现在巴基斯坦的白沙瓦谷地，如今虽然已经消失，但多尊或坐或立、优美静谧的犍陀罗佛陀像却反映了当时的艺术成就。

奥克苏斯双轮战车模型

这辆由 4 匹金马拉着的黄金战车是古代波斯人打造的。它的大小很适合拿在手上把玩，也许就曾是贵族子弟的一件玩具，不过这还不能完全确定。

童话般的欧洲城堡

欧洲到处都有城堡。这些城堡有的是贵族居住地，有的是军事要塞，有的是领地标志。可以说，欧洲的城堡不仅造型多样，还有着悠久的历史和动人的传说。

德国新天鹅堡

新天鹅堡是德国的一个地标，是迪士尼动画片中睡美人城堡的原型，被誉为“最接近童话的地方”。它是巴伐利亚国王路德维希二世为自己创造的一个“梦的世界”。作为国王，路德维希二世浪漫而不擅于交际，一生孤寂，但他十分喜欢戏剧。由于被瓦格纳的剧本打动，他想让天鹅骑士和公主的故事在现实中的奇幻城堡上演，便下令在天鹅城堡的遗址上修建一座白色的童话城堡——新天鹅堡。不过，这项工程耗费了太多人力、物力、财力，引起了不满。不幸的是，梦幻城堡还没完工，年轻的国王便去世了。

英国温莎古堡

温莎古堡位于英国英格兰地区，由英国多位国王不断扩建而成。温莎古堡气势恢宏，是英国王室的行宫，也是现今世界上有人居住的城堡中最大的一个。这里曾发生过一件很浪漫的事。1936 年，英王爱德华八世在此向美国平民辛普森夫人求婚。为了爱情，爱德华八世毅然放弃了王冠，离开英国，与辛普森夫人生活在一起，直到 30 多年后，他的灵柩才重返古堡。这段唯美的爱情故事不但让古堡声名远扬，还为古堡增添了几分浪漫气息。

新天鹅堡

迪士尼乐园中的睡美人城堡

温莎古堡面积广大，光是城堡中的地板面积就有约 4.5 万平方米。

德国霍亨索伦城堡

除了新天鹅堡，德国的霍亨索伦城堡也赫赫有名。它是普鲁士王室霍亨索伦家族的发祥地。在普鲁士王国的鼎盛时期，当时的威廉王子决定重建这座祖居城堡。与新天鹅堡不一样，霍亨索伦城堡高高矗立在山林之巅，巍峨气派，充满着英雄主义的阳刚之气，彰显着普鲁士王朝的辉煌历史。现在霍亨索伦家族还有部分后代居住在这里。

霍亨索伦城堡

法国香波城堡

香波城堡是迪士尼动画片和电影《美女与野兽》中的城堡原型，建在贵族气息浓厚的卢瓦尔河谷，是河谷中所有城堡里最大、最恢宏的一座。城堡由国王弗朗索瓦一世下令修建，历经百年，到路易十四时期才完工。这座城堡融入了许多设计师的心血，其中双螺旋楼梯的设计者是大名鼎鼎的达·芬奇。城堡建成后，许多艺术家受邀到城堡进行创作和作品展示。1670 年，剧作家莫里哀的芭蕾舞喜剧《贵人迷》在此上演，取得了巨大成功。

香波城堡

美女与野兽

莫里哀

法国舍农索城堡

卢瓦尔河流域的城堡中最壮观的是香波城堡，最美丽的则是舍农索城堡。舍农索城堡非常特别，建在水上，横跨卢瓦尔河支流谢尔河两岸，中间由廊桥相连，又被人们称为“停泊在谢尔河上的船”。如今，城堡归属于因巧克力产业而闻名的梅尼耶家族。

舍农索城堡

古希腊的天上和人间

古希腊可不等于今天的希腊，它是一个地区的称谓，范围比今天的希腊大多了，是西方文明的源头之一。西方有记载的文学、科技、艺术都与古希腊文明有关，最有意思的是，它还是从“神话时代”开始的呢。

太阳神阿波罗是希腊神话中最俊美、最有才华的神。

古希腊诸神

希腊诸神是古希腊神话传说中的神，其谱系非常完整，每一位神都有各自的出处和故事，最著名的就是十二主神：众神之王宙斯、天后赫拉、海神波塞冬、冥王哈得斯、战神阿瑞斯、智慧女神雅典娜、爱神阿芙洛狄忒、月亮女神阿耳忒弥斯、太阳神阿波罗、神使赫耳墨斯、火神赫菲斯托斯、农神得墨忒耳。他们和人类一样有七情六欲，其形象已深深地刻在了西方哲学史和文学史之中。

月亮女神阿耳忒弥斯

战神阿瑞斯

神秘的“特尔斐神谕”

特尔斐女祭司

古希腊人认为，神能预知未来，人们通过祭司向神表达疑惑，祭司进行占卜后给出神的启示，即神谕。专门向神祈问并聆听神谕的场所就是神示所。敬奉太阳神阿波罗的特尔斐神庙是颇具影响力的神示所，这里的神谕除给人指明方向以外，还作为城邦政治中打击政敌的工具，具有一定的政治影响力。

金苹果和最美女神

古希腊神话中有三个美丽的女神：天后赫拉、智慧女神雅典娜和爱神阿芙洛狄忒。有一次她们一起参加一场婚礼，掌管争执的女神带来了一个金苹果，上面写着“送给最美的女神”，她们为了这个金苹果争执不休。宙斯让特洛伊王子帕里斯作评判，王子将金苹果给了阿芙洛狄忒，作为回报，阿芙洛狄忒帮助王子赢得了斯巴达王后海伦的青睐和跟随，这成为引发特洛伊战争的导火索。

特洛伊木马计

斯巴达王后海伦跟随特洛伊王子帕里斯而去，斯巴达国王墨涅拉俄斯感觉受到了极大的侮辱，便请求哥哥迈锡尼王阿伽门农帮自己报仇，发动了特洛伊战争。但是特洛伊城的城墙十分坚固，希腊人打了 9 年也没有攻破。足智多谋的希腊将领奥德修斯想出了“木马计”，将希腊战士藏在大木马腹中，进入特洛伊城，等到夜深人静，他们杀死城门守军打开城门，最终攻下了特洛伊城。

特洛伊人高兴地把木马当作战利品抬进城去，却不知中计了。

斯巴达年轻人在训练

斯巴达的“魔鬼”训练

斯巴达是古希腊的一个城邦。斯巴达人崇尚武力，全民皆兵。孩子们出生后，体格健壮的留下来，虚弱的便被遗弃。男孩 7 岁起就要接受严苛的军事训练，冬天也得光头赤足，还要忍饥挨饿，直到 30 岁才算是合格的军人。妇女也要接受军事训练，以备不时之需。斯巴达勇士就这样练就了钢铁之躯，无坚不摧，先是与雅典联手战胜了当时强大的波斯帝国，后来又战胜了雅典并称霸希腊。

亚历山大的帝国梦

亚历山大是古代马其顿国王腓力二世之子，他少年时就驯服过一匹连骑手都无法驾驭的烈马，备受父王称赞。13 岁时拜师古希腊著名哲学家亚里士多德，16 岁起随父亲南征北战。亚历山大 20 岁那年，父亲遇刺身亡，他继承王位。他凭借雄才大略结束了希腊城邦间的混战，统一了希腊全境，随后又拉开了征服世界的序幕，开始了侵略亚洲和非洲的远征。历时 10 年，建立了空前庞大的帝国——亚历山大帝国。公元前 323 年，亚历山大大帝病逝于巴比伦（今伊拉克），年仅 33 岁。

青年时的亚历山大大帝

辉煌的古罗马

对于古罗马你一定不陌生，太多的文学和影视作品都讲述了关于它的传奇故事。古罗马帝国到底有多强盛？角斗真如电影里那般残酷吗？恺撒大帝到底有多厉害？……下面就为你揭晓答案。

母狼乳婴青铜雕像再现了罗慕路斯和雷穆斯吮吸母狼奶水的情景。这尊雕塑已成为罗马的象征。

牧民将罗慕路斯和雷穆斯交给妻子。

母狼乳婴传说

有意思的是，传说中，古罗马的起源和一只狼有关。罗慕路斯与雷穆斯是战神玛尔斯和女祭司雷亚·西尔维亚（国王的侄女）的儿子。他们一出生，国王就要杀死他们。好心的仆人将他们放在篮子里顺河漂走，一只母狼发现并喂养了他们，之后又被牧民收养。兄弟俩长大后杀了仇人，并于公元前753年建立了罗马城。

快看看，这两个孩子太可爱了！

残酷的角斗“游戏”

古罗马人崇尚武力，角斗是他们最热爱的娱乐活动。奴隶和战俘会被送到角斗学校进行训练，成了为取悦皇帝、领主及奴隶主们而互相搏杀的职业杀手——角斗士。他们手握利剑、匕首，既相互拼杀，又与熊、狮子等猛兽搏斗。奴隶们不满奴隶主的残暴统治，不断发动起义。公元前73年，角斗士们发动斯巴达克起义，这是欧洲古代社会规模最大的一次奴隶起义。

罗马大角斗场上的角斗非常激烈，在观众的呼喊声中，一名角斗士正准备将匕首刺入失败者的胸膛。

尼禄是历史上有名的暴君，他非常残暴，曾杀死了自己的弟弟和母亲。最后，众叛亲离的他选择了自杀。

古罗马帝国奠基者恺撒大帝

盖乌斯·尤利乌斯·恺撒虽然从未称帝，却被称为恺撒大帝。他的一生极其传奇，是古罗马时期杰出的军事统帅、政治家，担任过财务官、大法官、执政官等各种职务。他于公元前 58 年出任高卢总督，随后征服高卢（法国）全境，极大地壮大了古罗马的实力和权威。内战期间，他集大权于一身，结束了以元老院为权力中心的议会制，加快了古罗马走向帝国的步伐。后来，恺撒被暗杀，其养子屋大维击败安东尼建立了古罗马帝国，并成为古罗马帝国的第一位皇帝。

屋大维

恺撒深受古罗马人景仰，人们尊称他为“祖国之父”。

古罗马的大暴君

虽然古罗马文明延续了 1000 多年，但安定统一的时期却很短暂。国家长期处于各种割据、内乱状态下，权力更迭频繁，曾经出现过几位臭名昭著的暴君，他们分别是提比略、卡里古拉和尼禄。

卡里古拉建立恐怖统治，神化王权，行事荒唐。

灾难下的古罗马盛世写照——庞贝古城

庞贝古城是一个可以让你穿越时空切身感受古罗马社会、文化、艺术和市井生活的地方。古城位于维苏威火山东南方向，始建于公元前 4 世纪。公元 79 年，维苏威火山爆发，将整个城市掩埋于火山灰之下。然而正是这场灾难，才使庞贝古城躲过了岁月的侵蚀，完整地保留了古罗马的城市风貌。

维苏威火山爆发，人们在惊慌中四处逃散，寻找避难场所。

百花齐放的文艺复兴

文艺复兴是发生在14—16世纪的一场欧洲思想文化运动，最先兴起于意大利，随后扩展到整个欧洲，引发了一场科学与艺术的革命，揭开了近代欧洲的序幕。这段时期，在意大利这片土地上，大师巨匠层出不穷，影响着整个欧洲乃至全世界。

薄伽丘

薄伽丘30多岁时结识了彼特拉克，与他成为挚友，彼特拉克的离世给他带来了沉重的打击，第二年，他也离开了人世。

“文学三杰”

但丁是非常伟大的诗人，他的《神曲》传播至世界各地。

即使你没读过《神曲》《歌集》和《十日谈》，也一定听过这些著作的名字。你知道它们的作者不仅都是意大利人，还都是文艺复兴的代表人物吗？但丁率先对教会提出批评，是文艺复兴的先驱；彼特拉克是人文主义的奠基者，被称为“人文主义之父”；薄伽丘主张的“幸福在人间”，被视为文艺复兴的宣言。他们都是世界知名的诗人、作家，并称“文坛三杰”。

彼特拉克

彼特拉克是加冕的“桂冠诗人”，后人尊他为“诗圣”。

头衔众多的科学家伽利略

伽利略是文艺复兴时期的意大利物理学家，他通过多次实验和研究建立了落体定律，还发现了抛体运动规律和振摆定律，让人们对宇宙有了新的认识。你知道他同时还是位了不起的发明家吗？他发明了温度计、各种军事罗盘，以及天文望远镜。因此，他有很多头衔，被称为“现代物理学之父”“现代科学之父”“观测天文学之父”等。

伽利略

伽利略为科学献出了毕生精力，晚年却被终身监禁。

“美术三杰”

文艺复兴时期，除了“文坛三杰”，还有“美术三杰”——达·芬奇、拉斐尔、米开朗琪罗。他们也都是意大利人，是文艺复兴时期最负盛名的绘画家、雕塑家。不管是《最后的晚餐》《西斯廷圣母》，还是《大卫》，这些传世名作，几乎让文艺复兴成了西方艺术的代名词。

达·芬奇

《蒙娜丽莎》每年吸引数以万计的人去罗浮宫参观。

拉斐尔

《创世记》之《创造亚当》

《创世记》是米开朗琪罗为梵蒂冈西斯廷礼拜堂创作的巨幅天顶画，作品共分为三部分，整体场景宏大，有300多个人物，震撼人心。

《西斯廷圣母》（左）、《草地上的圣母》（右）是拉斐尔的宗教主题画作。他性情平和、文雅，就如他的画一样，人物清秀，场景温暖。

油画《哥伦布登陆新大陆》

哥伦布发现新大陆

文艺复兴时期，航海技术产生了革命性的飞跃，涌现出一批航海家、冒险家，其中意大利的哥伦布就是最伟大的航海家之一。他一生从事航海活动，先后4次出海远航，其间为了寻找中国和印度，无意中来到美洲，发现了新大陆，开辟了横渡大西洋到美洲的新航线。

热烈舞动的非洲之城

从北部浩瀚的撒哈拉沙漠到南端的好望角，从西部的热带雨林到东部的埃塞俄比亚高原，非洲大陆不仅是野生动物的乐园，还是孕育人类的摇篮。让我们带着敬畏之心走进这块神奇的土地，去看看这里的城市有着怎样的风姿。

非洲最大的城市——开罗

在尼罗河三角洲这把“大折扇”的“扇头”附近，有一座城市叫开罗。它不仅是埃及的首都，还是埃及最大的经济中心和交通枢纽，更是非洲第一大城市和世界著名的历史文化名城。若从开罗上空航拍，不仅可以看到金字塔和美丽的清真寺，还可以看到尼罗河畔的高楼大厦。穿行在开罗市区，会有一种跨越时空之感。

埃及首都开罗

开罗清真寺林立，随处可见的宣礼塔，为其带来“千塔之城”的美誉。

卡纳克神庙的巨柱上刻着优美的图案和象形文字，像连环画一样讲述着埃及辉煌的过去。

古城上的卢克索

卢克索是埃及中东部的历史古城和著名旅游中心，位于尼罗河东岸。著名的卢克索神庙、卡纳克神庙都在这里。卡纳克神庙是埃及最宏伟的神庙，被视为古代世界建筑中的一个奇迹。在卢克索附近的山谷中，大约隐藏着500座古代陵墓，著名的“帝王谷”就坐落于此，让这座城市显得有点儿神秘。

卡纳克神庙顶部的图案展现的是战争、狩猎、欢宴等场面。

达尔贝达市内的建筑以白色为主。

曾经的“卡萨布兰卡”达尔贝达

达尔贝达曾被称为卡萨布兰卡，是摩洛哥最大的港口城市，也是最重要的经济中心。这里集中了全国一半以上的现代工业，商业、金融业也很发达。今天的达尔贝达是一座现代化都市，但城内许多阿拉伯建筑又仿佛把我们带回了中世纪。著名的哈桑二世清真寺就位于达尔贝达市区西北部，是世界第三大清真寺。古色古香的清真寺，传统的手工艺品市场，在老城区甚至能看到骑骆驼的商人。电影《卡萨布兰卡》更让这里声名远扬，成为非洲的一座旅游名城。

去开普敦骑鸵鸟

鸵鸟

开普敦是南非的立法首都，位于非洲大陆西南端，南距好望角52千米。登上桌山，可以俯瞰开普敦全貌，高山、森林、沙滩，还有繁忙的港口，海天相连，美不胜收。喜欢动物的话，可以去海豹岛看海豹，去西门镇看企鹅，去赫曼努斯出海观鲸。此外，还可以去鸵鸟园体验一下骑着鸵鸟飞奔的感觉，试着站在巨大的鸵鸟蛋上，而不用担心踩破它，因为鸵鸟蛋的蛋壳非常坚固，用鸵鸟蛋做成的各种工艺品也很受欢迎。

“黄金之城”：约翰内斯堡

100多年前的一天，一个白人在农场里被一块金子绊倒，随后这里吸引了全世界的淘金者蜂拥而至，黄金开采一发而不可收，成就了世界最大的产金中心和南非的经济中心——“黄金之城”约翰内斯堡。城市周边绵延240千米的区域内有金矿60多处，市中心巨厦林立，金碧辉煌。参观金矿博物馆和兰德黄金精炼厂，更会让人眼界大开。

约翰内斯堡

神秘的古埃及文明

金字塔

金字塔是古埃及法老的陵墓，是用巨大的石块修成的方锥形建筑。目前在埃及已经发现了100多座金字塔，其中最大的一座位于开罗西南的吉萨高地上，叫作胡夫金字塔。胡夫金字塔高约146米，因为年久风化，现高137米，和40层楼一样高。

狮身人面像

在吉萨高地上雄踞着一尊高约20米的岩石雕像，它就是狮身人面像。雕像坐西向东，面部据说是古埃及第四王朝法老哈夫拉的模样。别看它如此大块头，却是用一块巨石雕刻成的。是谁修建了它？何时修建的？至今仍不得而知。

象形文字

和我们的先人一样，古埃及人最初写的字也是象形文字。象形文字其实是一种图画。1799年，拿破仑远征埃及的时候，他的手下发现了一块残缺的玄武岩石碑，就是大名鼎鼎的“罗塞塔石碑”。上面的碑文是用象形文字和另外两种文字共同书写的。后来，一个叫商博良的年轻人，依据罗塞塔石碑成功译解了埃及象形文字，解开了埃及象形文字的秘密。

古埃及文明中圣甲虫代表着创造、重生和光明，是古埃及的神圣信仰。

阿布·辛拜勒神庙

阿布·辛拜勒神庙

阿布·辛拜勒神庙是古埃及第十九王朝的法老拉美西斯二世修建的，距今已有3300多年了。神庙位于阿斯旺以南280千米处，在尼罗河西岸的峭壁上凿成，高约33米，宽约37米。神庙正面的4个巨大雕像的原型就是拉美西斯二世本人，它们高大威武的姿态，让今天去观看的人们依然可以想象到拉美西斯二世的样子。

帝王谷

为了避免墓室被盗，古埃及的法老们决定把自己的陵墓移到隐蔽的地下。尼罗河西岸的穆鲁克山谷，由于聚集了法老图特摩斯一世及之后数百年内历代法老的陵墓，因而被称为“帝王谷”。在幽闭的地下，与法老的木乃伊一起封存起来的，还有数不清的珍宝。这些隐秘的墓穴，让法老们在地下安宁地度过了3000多年。

古埃及墓室壁画《欢宴》

图坦卡蒙的纯金面具

图坦卡蒙墓

图坦卡蒙墓室由甬道、前厅、棺室、耳室和库房组成，前室最大。棺室壁画以宗教活动和墓葬场景为主题，包括国王图坦卡蒙等形象。金棺内有图坦卡蒙木乃伊，头部罩有逼真的纯金面具。图坦卡蒙墓是古埃及法老墓中少数未曾被盗的墓葬之一，是研究古埃及历史、文化和艺术的代表性墓葬。

时间都怕金字塔

在几千年前，人类文明还处于“童年”阶段，聪明的祖先就开始琢磨着建造一些神奇又伟大的建筑：古老的巴比伦有空中花园，中国有万里长城，埃及则有金字塔。提起金字塔，埃及人会说：“人类惧怕时间，而时间惧怕金字塔。”

见证历史的“老寿星”

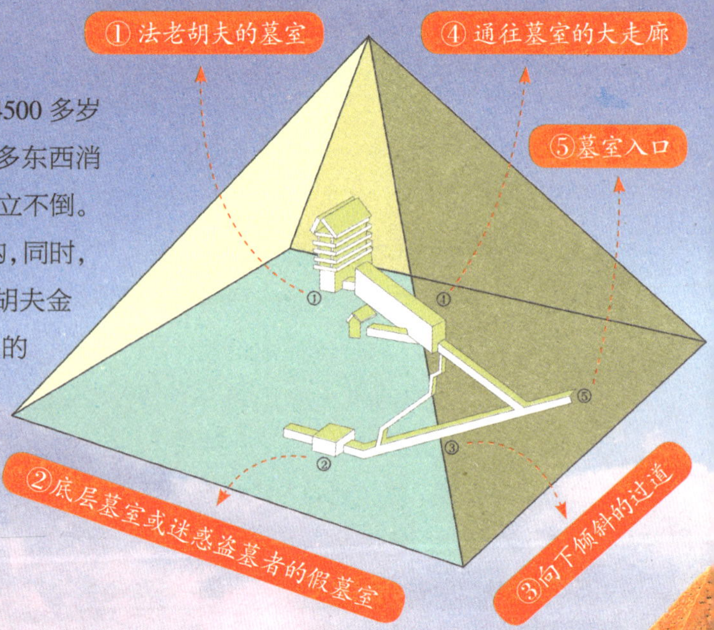

胡夫金字塔可是个“老寿星”，大约有 4500 多岁了。世界在这几千年里变了无数个模样，很多东西消失在茫茫无际的历史长河里，可金字塔仍然屹立不倒。这是为什么呢？因为方锥形是稳定的建筑结构，同时，金字塔内的空间非常小，几乎是实心建筑。胡夫金字塔由大约 230 万块巨石砌成，所以连猛烈的地震都对它无可奈何。

“刀枪不入”

现在我们住的房子，许多是用钢筋做骨架盖起来的。埃及人造金字塔那会儿可没有钢筋，金字塔是由一块块巨大的石头垒起来的，石头之间的石灰砂浆等黏合剂让金字塔十分牢固。石头表面被打磨得非常光滑，石头之间几乎没有一丝缝隙，即便再锋利的刀刃，也很难插进石头之间。

什么？金字塔是“冰箱”？

作为法老的陵墓，金字塔里有着不少令人惊叹的神秘现象。有人做过试验，将一杯新鲜的牛奶放在里面，24 小时后取出，味道依旧鲜美。在塔里高一点儿的地方，有些小动物的尸体，不仅没有腐坏，反而变成了干尸。金字塔真是防腐保鲜的好工具，简直是古代的“冰箱”！金字塔对金属也有“治愈”功能，把生锈的刀片放进去，不久之后锈迹就没了，又变得锋利无比。

法老胡夫祖孙三代的金字塔

狮身人面像

狮身人面像的鼻子去哪儿了？

我们已经知道，狮身人面像相当吸引眼球。为什么要造成狮身？这是因为古埃及神话里的斯芬克司长着人的脸、狮子的身体，象征着人与动物结合的超人力量。所以，用它的模样来为法老建雕像恰恰彰显了法老的威严。仔细一看，狮身人面像是没有鼻子的。鼻子怎么丢了？这一直是个谜团，相传是法国将军拿破仑攻打埃及时用炮弹将其炸没了；还有人说是当地人将它从沙土里刨出来的时候，不小心把鼻子刨掉了。

金字塔群

金字塔不是埃及独有的建筑物，类似形状的建筑在非洲的苏丹、中美洲的墨西哥都有。苏丹的金字塔群共有约 220 座，数量比古埃及金字塔还要多，只是体积比较小，所以又被称为“小金字塔”。

动感非洲！那些音乐和舞蹈

行走在非洲，如果遇到一个孩子，即使语言不通，只要你拍起双手，他当场就会表演一段舞蹈。舞蹈对于非洲人而言，就像吃饭、睡觉一样自然。他们热情奔放，善于通过舞蹈来表达情感，而且每舞必鼓。鼓是非洲乐器之王，更是非洲的舞蹈之魂，那激越的鼓点，点燃了一个动感而热烈的非洲。

动感的节拍——金贝鼓

金贝鼓是非洲最常见的鼓，一般说的非洲鼓指的就是金贝鼓。金贝鼓是用掏空的整段树干蒙上羊皮制作而成的，鼓身高约 50 ~ 60 厘米，鼓面直径约 30 ~ 38 厘米，用手拍打鼓面不同部位时，会发出高、中、低三种声音。金贝鼓非常具有爆发力，可以独奏，也可以和其他传统乐器合奏，在非洲许多场合都需要打金贝鼓来跳舞助兴，现在金贝鼓已经风靡世界。

非洲的心跳——布隆迪圣鼓

到布隆迪旅游，一定不能错过布隆迪的圣鼓表演。圣鼓用布隆迪中部所产的一种圆木制成，将圆木一头掏空，蒙上牛皮，另一头保持实心作为底座，大鼓的重量可达 45 千克。表演时先由首席鼓手舞出强劲有力的舞蹈，从而带领鼓手们敲击出热烈、雄浑而震撼心灵的鼓声，让人感受“非洲的心跳”。

非洲木鱼——木头鼓

木头鼓，是西非几内亚的一种乐器，是用一整段木头凿成的。木头上并排挖出两个长方形的洞，木头内部凿空，由于两个洞的洞壁厚度不同，敲击时会发出不同的声音。木头鼓有大有小，大鼓通常用两根棒来敲打，小鼓则用一根棒。木头鼓的发声原理很像木鱼，因此也被称为“非洲木鱼”。

“嘭嘭嚓，嘭嘭嚓”，重达 45 千克的圣鼓被敲响。

加纳的芭蕾舞——方腾弗罗姆舞

方腾弗罗姆舞，是加纳人最隆重的一种舞蹈，因跳舞时需要方腾弗罗姆鼓的伴奏而得名。这种鼓又大又长，伴奏时越敲越激烈，悲壮豪迈，舞者也全身抖动，情绪激昂。方腾弗罗姆舞的舞姿非常优美，每一个动作都可用来表达情感，故称“加纳的芭蕾舞”。

摩洛哥拉巴特人在表演鼓舞。

武士之舞——砍刀舞

在东非的坦桑尼亚、肯尼亚、乌干达等国，人们爱跳一种叫“砍刀舞”的舞蹈。表演时，数名舞者腰间系着兽皮，脚腕上缠着铃铛，双手各握一把砍刀，在急促的鼓声中，剧烈抖动着身躯，手中挥舞着、敲击着闪闪发亮的砍刀，舞台上不时响起有节奏的金属撞击声，让人仿佛置身于混战的疆场，精神振奋，情绪激昂。

祖鲁人用的大鼓

马赛人的传统舞蹈

在沙滩上跳舞的祖鲁人

乌干达打鼓的孩子

魔性脚步——跺脚舞

跺脚舞是非洲南部的祖鲁人喜爱的一种舞蹈，通过强烈的腿部律动来表达内心激烈的情感。舞者一般身着兽皮或羽毛，头戴兽角，脸戴面具，在如雨点般急促的鼓点伴奏中，用弹簧般的双腿带动全身剧烈抖动，速度之快仿佛已经超越了人类的身体极限，令人瞠目结舌。

多情美洲多情地

辽阔的北美洲可以分为东部地区、中部地区、西部地区、阿拉斯加、加拿大北极群岛、格陵兰岛、墨西哥、中美洲和加勒比海岛屿。这九个地区中有寒冷的北极，也有阳光明媚的岛国，多样的气候和环境孕育了多彩的北美洲。而南美洲的原住民是印第安人，他们是这片大陆的文明开拓者，创造了独具特色而神秘的古老文明，最有代表性的是安第斯山中段的古印加文明，其与玛雅文明、阿兹特克文明并称“美洲三大文明”。

温哥华是加拿大西部最大的城市，位于加拿大西海岸入口，靠山面洋，气候温和，是一个天然良港。

“北方好莱坞”温哥华

温哥华是加拿大第三大城市，是加拿大西部的政治、文化和交通中心，也是加拿大最大的海港。这里港宽水深，海水即使在寒冷的冬季也不结冰，是天然良港。温哥华的电影制片业非常发达，是北美洲仅次于洛杉矶和纽约的第三大制片中心，有“北方好莱坞”之称。温哥华是华人聚居的城市，也是历史上同中国交往最早的加拿大城市。市里有许多中国餐馆，甚至还有放映中国影片的电影院，让你在异国他乡也能找到一种家的感觉。

美国最大的艺术博物馆——大都会艺术博物馆

美国的名片——纽约

说起纽约，可谓家喻户晓，它的名气甚至大到很多人都认为它是美国的首都，抢走了华盛顿的风头。事实上，纽约市就如它的名气一样大。它是美国第一大城市，也是美国第一大港口，纽约都市圈还是世界上最大的城市圈之一。除此以外，在纽约海港内高高耸立的自由女神像更是被视为纽约市的“路标”，也是美国的名片。

巴西最大城市圣保罗

来到巴西的圣保罗，人们都会被它深深震撼。圣保罗位于巴西高原南部的一块高地上，是巴西最大的城市，也是南美洲最大的城市，人口超过 2000 万。市中心的意大利大厦有 41 层，楼顶建有瞭望台，可以俯瞰圣保罗全景。除了高楼大厦，圣保罗还有很多风景名胜，其中，融合了哥特式和文艺复兴时期建筑风格的圣保罗主教堂，是圣保罗的主要地标。此外，独立公园内还有文艺复兴时期的宫廷式建筑、纪念巴西独立的独立纪念碑以及巴西第一帝国的皇帝佩德罗一世的陵墓。

圣保罗主教堂

活力四射的里约热内卢

里约热内卢瓜纳巴拉湾景色

没有哪座城市比里约热内卢更具活力且令人兴奋了。里约热内卢位于巴西东南部沿海，曾是巴西首都，既是巴西乃至南美的重要门户，也是该地区经济最发达的城市。对很多人来说，最吸引他们的是这里的海滩、甜面包山等秀丽的山海风光，以及充满活力的舞蹈、音乐、街头派对等多姿多彩的文化生活。里约热内卢狂欢节是世界上最著名、最令人神往的文化盛典。

布宜诺斯艾利斯博卡社区街景

热情的布宜诺斯艾利斯

布宜诺斯艾利斯是阿根廷的首都，98% 的居民都是欧洲移民后裔，热情似火的探戈舞就起源于此。七月九日大道贯穿整座城市，约 130 米的宽度使之成了世界上最宽的马路，行人要穿过三四个红绿灯才能走到马路对面。沿着大道一路向前就是耸立在市中心的白色方尖碑，它也是这座城市的地标之一。著名的五月广场东侧是名声赫赫的玫瑰宫。

失落的古文明——玛雅文明

玛雅文明从出现到消失有将近 4000 年的历史。玛雅文明在气候并不宜人的热带雨林环境中萌芽、兴盛，然后消亡，历经千载，遗留下数以百计的大型废墟，令后人惊叹不已。

发现玛雅

从 1786 年开始，众多探险家都对玛雅文明的遗迹进行过探索，但他们的发现并没有引起足够的重视。直到 1885 年，艾德华 · 汤普森对墨西哥等地的玛雅遗迹进行了大规模的考古发掘，并在墨西哥的博览会上展示了这些成果，才引起轰动。于是，美国哈佛大学先后组织了 4 次对科潘地区的大规模考察，最终使人们对玛雅文明有了深入而全面的认识。

独特的货币——可可豆

玛雅各城邦的贸易是以物易物，以满足生活所需，并非为了获得金钱，因此玛雅人并不严格规定货币本位，而是将贸易中比较受青睐也便于携带的物品作为象征性货币。可可豆就是其中的一种。

有魅力的文字

粗看玛雅的象形文字，发现它们好像一幅幅卡通图画，这种近似后现代主义般的描绘，令玛雅文字呈现出浓厚的神秘意味。所幸，现在历史学家们已经可以破解这个神秘文字系统中的一部分文字了。

最完美的历法

玛雅的三种主要历法，分别是神历、太阳历和长纪年历，堪称最完美的历法。神历亦称卓尔金历，每年 260 天，由 20 个神明图像和 1～13 的数字不断组合循环。太阳历是根据天文观测算出来的。精于星象观测的玛雅人经过长期观察、周密计算，最终将一年的长度修正为 365.242129 天，这同今天科学测定的绝对年长的数值相差不足千分之一。而长纪年历适用于推算悠远漫长的历史刻度。

“美洲的雅典”——帕伦克

帕伦克城坐落在丘陵山麓之侧，城市的整体设计与周围自然环境有机地结合在一起，把金字塔神庙的基座建在天然的山丘上，既节省了人力，又达到了建筑与自然的和谐。

今天的玛雅人

今天的玛雅人仍沿袭着传统的生活方式，男子最重要的任务是种好玉米田，女子则以织布为天职，独特的织布技术与图案设计是代代相传的绝活儿。今天的玛雅人的生存理念，仍与古玛雅人有着密不可分的传承关系。

美洲古文明——印加文明

秘鲁是人类文明的重要发源地之一，公元 10 世纪前后，古代印第安人曾以秘鲁为中心建立了印加帝国，拥有相当高的天文、历法和建筑水平。印加文明绵延了数个世纪，与玛雅文明、阿兹特克文明并称“印第安三大古老文明”。如今，秘鲁这片土地上仍遍布印加文明的遗迹。

“美洲的罗马”印加帝国

印加帝国的中心区域主要位于安第斯山脉，15 世纪达到鼎盛，地理上涵盖了今天的秘鲁、厄瓜多尔、哥伦比亚、玻利维亚、智利、阿根廷等大部分南美国家。印加帝国形成了一整套完整的国家体系，16 世纪由于内乱及西班牙人的入侵，印加帝国灭亡。

印加陶器的发展水平相当高，印加时代并没有现代制陶工人所使用的工具，所以印加陶制品都是手工制成的。

印加祭祀仪式上使用的金器

用金银制作的项链吊坠

遍地黄金的“黄金之国”

印加帝国盛产黄金。印加人有着精湛的黄金熔炼工艺，打造的黄金饰品和艺术品独特而精巧。很多神庙和宫殿都使用了大量的黄金。印加人还喜爱佩戴黄金饰品和收藏黄金，拥有“黄金之国”的美称。但这里也因此遭到西方殖民者的觊觎和掠夺。

这是庆祝太阳节的情景，“印加王”最先出现在山顶，象征着太阳在空中升起。

“太阳之子”

印加人崇拜太阳。印加王将自己称为“太阳之子”，太阳神是他们的主神，具有人的形态，面庞如金盘，光芒四射。印加人还会为太阳神举行隆重的庆典和祭祀仪式，今天秘鲁的“太阳节”“太阳祭”都源于这古老的太阳崇拜。

特殊的“文字”——奇普

尽管印加文明没有书面语言，但印第安人的结绳记事法却形成了世界上独一无二的“三维文字”——奇普。他们用棉线、骆驼或羊驼毛线编织的绳子打上各种各样的绳结，用于记录重要事件。研究人员认为，绳结记录着印加帝国大量的历史及相关文明成就。西班牙人入侵时，殖民者认为这些奇普也记录了他们在这里的所作所为和残暴的征服，因此，大部分奇普被烧毁了。

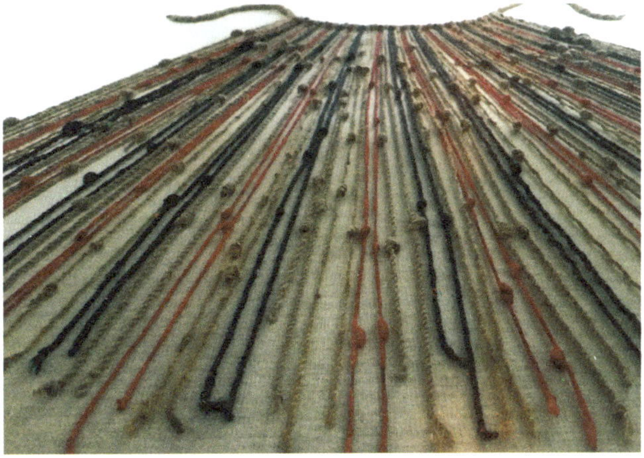

印加人用来结绳记事的奇普

印加人的建筑水平高超，直到今天，人们都不能把极薄的刀片插进印加建筑的石缝。大部分印加建筑都非常坚固，甚至能经受地震的考验。

奇迹般的巨石建筑

印加时代的石造建筑工艺至今仍被人称道，无论是在马丘比丘，还是在古都库斯科城，抑或其他历史遗迹中，都能看到大量的石造建筑。这些建筑多用石块堆垒而成，石块之间没有使用任何泥土和黏合物，却拼接得十分紧密，令人称奇。有些石块重达几十吨，以当时的技术水平，搬运和切割这样的石块都非常困难，至今我们仍然不知道印加人是通过什么方法建造这些建筑的。

先进的天文历法

印加人在天文历法领域拥有很高的成就，创造了两种历法：一种由观测太阳而制定，印加人测得的地球运行周期是 365 天零 6 个小时，十分精确；另一种根据对月亮的观测而制定，一年有 354 天。另外，在印加帝国的遗迹中，人们还挖掘到一个曾做过脑外科手术的人骨，说明当时印加人可能已掌握开颅术等医学技术。

克丘亚族（美洲印第安人的一支）妇女

北极圈处的居民

目前，世界上生活着 70 多亿人，有 2000 多个民族。不同民族生活的环境千差万别，造就了不同民族丰富多彩的文化。其中，因纽特人在世界各民族之中可谓大名鼎鼎，相信你也听说过他们。现在就让我们走进他们的生活，感受因纽特人冰天雪地里的别样文化吧！

北美洲的黄种人

因纽特人虽然生活在北极，却是地地道道的黄种人，他们属于蒙古人种。当时，亚洲的游猎民族蒙古利亚人从蒙古地区出发，向着东北方向进发，最后跨过白令海峡，来到了北美洲。至于他们是怎么渡过白令海峡的，现在已不得而知，有一种说法是他们等海峡冰封的时候从冰上走过去的。横渡海峡后，一部分蒙古利亚人留在了美国以及加拿大的北极地区；另一部分人则继续向东迁移，最终抵达了格陵兰岛。

“真正的人类”

此前，因纽特人还有一个名字——爱斯基摩人，但是他们并不喜欢别人叫他们这个名字，因为这个称谓来自他们的敌人——印第安阿尔衮琴部落的语言，意思是“吃生肉的人”，因此，“爱斯基摩人”这个称谓已经被弃用了。而“因纽特人”才是他们的语言对自己的称谓，是“真正的人类”的意思。

优秀的猎手

在因纽特人的食谱上，几乎只有肉类，囊括了陆地和海洋里的各种动物，小到鸭子和各种鱼类，大到北极熊、海象，甚至鲸鱼也是他们的猎物。近些年来，由于鲸鱼的数量不断下降，国际捕鲸委员会严格限制各个国家对鲸鱼的捕杀，但是每年因纽特人都能获得一定的限额，来满足他们“传统和生存的需要”。

奇妙的雪屋

夏天，因纽特人居住在用兽皮搭建的帐篷里，到了寒风凛冽的冬天，他们就住进了极具特色的雪屋中。雪屋由不同大小的雪砖垒砌而成，外表呈半球形，就像一口大铁锅扣在了地上。室外寒风呼啸，而在雪屋中，他们可以点上一盏用动物脂肪做的油灯，跟家人一起享受夜晚，是不是很美妙呢？

冰雪造就的样貌

尽管因纽特人是黄种人，但是环境改变了他们的样貌。他们的身材大多矮小强壮，皮下有很厚的脂肪，可以帮助抵御寒冷；为了降低冰雪反射的强光对眼睛的刺激，他们的眼睛变得细长；宽大的鼻子可以帮助他们在雪地捕猎时获得更多的氧气。而且因纽特人的鼻尖向下弯曲，也就是俗话说的“鹰钩鼻”。

领土之最的国家

不同国家有着不同的风情，它们的国土面积、历史渊源及文化背景都各不相同：地势最低的国家、海拔最高的国家、岛屿最多的国家……向我们展示了独特的地貌、丰富的物产及奇特的风土人情。

领土最狭长的国家

智利位于南美洲西南部、安第斯山脉的西麓。它邻居众多：东有阿根廷，北有秘鲁、玻利维亚，西面与太平洋为邻，南面与南极洲相望。智利海岸线总长约 1 万千米，南北长 4352 千米，东西宽仅 90~400 千米，东西长度与南北长度相差很大，是世界上地形最狭长的国家。

首都圣地亚哥地处海岸山脉和安第斯山脉之间的河谷平原。这里气候宜人，夏季干燥温和，冬季凉爽多雨雾。城边是碧波荡漾的马波乔河，给圣地亚哥城增添了几分静谧；城东是终年被积雪覆盖的安第斯山，使圣地亚哥城看上去更加妩媚。

领土面积最小的国家

世界上最小的国家是梵蒂冈，它的面积小得令人吃惊，国土面积居然只有 0.44 平方千米，仅相当于天安门广场那么大。领土包括圣彼得广场、圣彼得大教堂、梵蒂冈宫、教皇避暑胜地和梵蒂冈博物馆等。常住人口只有 618 人（2022 年 6 月）。

梵蒂冈既是一个国家也是一座城市，位于意大利罗马城西北角的高地上，被称为“国中之国”。别看梵蒂冈面积小，它可是全世界天主教的中心——以教皇为首的罗马教廷的所在地。

宏伟的圣彼得大教堂

梵蒂冈博物馆

俯瞰梵蒂冈

海拔最高的国家

非洲的南部有一个山川秀丽、风物独特的小国，名字叫莱索托。莱索托是世界上海拔最高的国家，全国所有的土地都在海拔 1 千米以上，所以人们又称它为“空中王国”。莱索托风景秀丽，境内多高山奇峰，一片片绿茵茵的草地映衬着一座座锯齿形的山峰。这优美的景致也为莱索托赢得了“非洲瑞士”的美称。

巴苏陀人是生活在莱索托西部地区的主要部族，他们在高地上用当地石头垒砌而成的圆形小屋非常有特色。

莱索托昼夜温差很大，人们肩上的毛毯白天当衣穿，入夜做被盖，久而久之，就成了独具特色的民族服装。

岛屿最多的国家

位于亚洲东南部的印度尼西亚是世界上岛屿最多的国家，在赤道的两旁散落着许多大大小小的岛屿，像一颗颗珍珠镶嵌在万顷碧波中，是个名副其实的“千岛之国”。其实，印度尼西亚的岛屿又何止 1000 个，据统计，印度尼西亚境内光是有人居住的岛屿就有 6044 个，再加上那些没有人居住的岛屿，总共有 17508 个。

由于地处板块交界地带，印度尼西亚火山也特别多，还经常发生地震和海啸。

最小的岛国

在太平洋密克罗尼西亚岛群中，有一个面积仅 21.1 平方千米的小珊瑚岛，名字叫瑙鲁，全称是瑙鲁共和国。这是世界上面积最小的岛国和世界第三小的国家（仅排在梵蒂冈和摩纳哥之后），半天就能步行环岛一周。岛的四周被大片的珊瑚礁环绕着，因而供农作物生长的土地极少，也有“无土之邦”的称号。瑙鲁气候终年炎热，虽然这里雨水很多，但由于珊瑚岛地面渗透性很强，所以岛上仍会出现缺水的情况。

瑙鲁有“磷酸盐之国”之称，向澳大利亚、新西兰出口磷酸盐是瑙鲁的主要收入来源。

独一无二的城市之最

世界上有无数的城市，而每座城市都有自己的历史文化特点。第一个迎接日出的城市是富纳富提，地理位置最南的城市是乌斯怀亚城，离赤道最近的城市是基多……这些城市独特的地理让人大开眼界、流连忘返。

苏瓦城市中心各主要街道上的汽车川流不息，城市正朝着现代化方向发展。

最东的城市

在广阔无垠的南太平洋海域，有一个由330多个岛礁组成的岛国——斐济。在众多岛屿中，有个名叫塔佛乌尼的小岛，这个岛屿上有一个著名的小镇——怀耶沃。可以说怀耶沃是世界上最东又最西的城市，因为它正好坐落在180°的子午线上。怀耶沃是一个比较小的城镇，如果要说世界上最东的城市，那就得算是斐济的首都苏瓦了。因为苏瓦城靠近国际日期变更线，所以如果你在苏瓦城乘坐飞机，一定要及时调整时间、变更日期。

最南的城市

世界上最南的城市非阿根廷的乌斯怀亚城莫属。乌斯怀亚地处阿根廷南部火地岛的最南端，是火地岛的首府。这里的常住人口非常少，大约只有7.12万人（2017年）。乌斯怀亚城西南面有许多小岛，这些小岛中间有一条狭窄的比格尔海峡，这里也是太平洋和大西洋两大洋的分界线。

乌斯怀亚依山傍水，景色秀丽，郁郁葱葱的山坡和巍峨洁白的山顶交相辉映，各种建筑坐落在碧波荡漾的比格尔海峡和青山白雪中，吸引着世界各地的游客前来参观。

阿根廷城市乌斯怀亚犹如一个棋盘，每两个十字路口之间都相距100个门牌号。

朗伊尔城几乎每天都看得到极光，同时这里也是个骑雪地摩托旅行的好地方。

最北的城市

世界上最北的城市是挪威斯瓦尔巴群岛的首府朗伊尔城。朗伊尔位于北极圈以内，北纬78°的地方。这里十分寒冷，冰雪覆盖在大地上，每年有4个月的时间看不到太阳。在另外4个月中，太阳几乎不落。

海拔最高的首都

玻利维亚是一个奇特的国家。说它奇特，是因为一般每个国家都只有一个首都，它却有两个：它的法定首都是苏克雷，但是拉巴斯却是它的实际首都，是玻利维亚国家议会、政府所在地，是全国政治、经济、文化中心和交通枢纽。

拉巴斯的名字来源于其地理位置——玻利维亚高原东部有一个拉巴斯河谷，海拔达 3627 米，它是全世界位置最高的首都。由于海拔最高，拉巴斯所处的地理位置也极富山城特色。它被群山包围，像睡在摇篮里，东面是连绵的雪山，不远处就是海拔超过 6000 米的伊利马尼峰，与整座城市交相辉映。

日照时间最长的地方

拉萨是中国西藏自治区的首府，也是自治区政治、经济、文化和宗教中心，还是一座具有 1300 多年历史的高原古城。拉萨，在藏语中为“神佛居住的地方”，意为“圣地”。自文成公主入藏起，拉萨开始了初具规模的建设，首先建成了驰名中外的拉萨大昭寺，后又建成小昭寺，在红山上建起了布达拉宫等。拉萨还有一个别称——日光城。全年无雾，日照充足，每年平均日照总时间达 3100 小时以上，拉萨年均日照率可达 68%。这一数字比同纬度上的东部地区多了几乎一半，比四川盆地更是多了 2 倍。所以“日光城”的称呼实至名归。

拉萨的布达拉宫已被联合国教科文组织列入《世界遗产名录》，这标志着古城拉萨已经跃升为世界级文化名城。

— 图说天下 · 少年博物 —

地球的伟大表演

文图编辑：杨　静

美术编辑：任贤贤　刘晓东　张大伟

封面设计：罗　雷

版式设计：罗　雷

图片提供：视觉中国　站酷海洛

全景视觉